数学嫌いな人のための数学

新装版

小室直樹
Naoki Komuro

東洋経済新報社

はじめに

文部省（現・文部科学省）が推進してきた〝ゆとり〟教育の惨禍は目もあてられないものがある。新指導要領では、小中学校の完全週休二日制に合わせて、学習内容をさらに三割程度減らす計画になっている。既に『分数ができない大学生』（岡部恒治・戸瀬信之・西村和雄編、東洋経済新報社、一九九九年）などが続出し、日本の数学教育は崩壊している。このうえまた、念を押して崩壊を完全にしたいというのだろうか。

資源が少ない日本がともかくも生きていくためには、特に優秀な労働者、技術者、経営者を育成するしかない。

科学技術の根本が数学であることは勿論である。が、労働者も経営者も、最新の技術に追いつき、使いこなすためには、数学を自由自在にしておく必要がある。最近の企業経営や金融システムでも、数学を身につけておかないことには近寄り難い。危機管理もおぼつかない。

日本に数学を復活させるためにはどうしたらよいのか？　あなた自身がマセマティシャン（mathematician）になることである。

なんて言ったら、大概の人は、あっと驚くであろう。

でも、「マセマティシャン」とは、数学者という意味だけではない。「数学好きの人」という意味もあるのである。

数学が好きになって、縦横無尽に使いこなせるようになればよい。数学ができないと二一世紀の日本は真っ暗になると絶叫し、政府や当局を叱咤激励して、世の中を数学に向かわせればよい。数学教育を本当に改革すればよい。

いや、あなた自身がまだ教育を受けている身だったら？　数学が好きになるだけで、大変な収穫であろう。

では、どうすれば数学が好きになれるかって？　この本がその答えである！

もし「数覚《すうかく》」（数学的真理を感得する知覚）があれば、数学者になっていることであろう。

数学の論理が分かれば、経済学の名人になって日本経済の指導ができる。

そんなことが可能かって？　不可能に見えることを可能にするために、著者は苦心惨憺《くしんさんたん》した。天《てん》佑神助《ゆうしんじょ》を期待した。

——数学は神の教え（神の論理）である。——

なんて言えば、仰天することであろう。

だが、「歴史の神秘」を見抜けば理解できるに違いない。

数学が成長して諸科学の根本になれたのは、ギリシャの形式論理学と結合したからである。が、形式論理学の堅苦しさは、人を後込《しりご》みさせた。人の後込みを押し切ったのが、イスラエルの神であった。

イスラエルの神は、唯一絶対の人格神である。この神にとって、一番大切なことは、神が存在することを人に知らせることである。神の存在問題がギリシャ数学が解決できなかった解法の存在問題へと収束していくことによって、数学の論理は成立した。

なんて言ってしまえば、些《いささ》かややこしい。

が、第1章の歴史的説明をお読みいただければ、必ず納得できる。

第2章は、アリストテレスの形式論理学のエッセンスを説明する。なんて言うと、これまた難しいと思うかもしれないが、そうではない。

そのエッセンスは、実は簡単明瞭。三秒でも三〇秒でも、一見して理解できる。でも、もしも理解できないと困るので、繰り返して説明したため少々長くなった。が、ギリシャ人も、教育とは反復《リピート》である、と言っているではないか。

数学の論理とは、これほど明快なことだということが分かれば、きっと数学が好きになることであろう。

第3章の「数学と近代資本主義」では、資本主義の所有とは、その他の諸経済（封建制など）にはない、その本質であることを説く。

とは言っても、要点は、所有は絶対的であり、かつ抽象的である、ということに尽きる。

これだけのことであるが、特に、偉い役人には徹底的に理解してもらわないと困る。高級官僚が理解不足だと、資本主義は滅びる。根本的理解のために、古今東西の歴史から多くの例を引いてきたが、煩《うるさ》いと思う人は幸いである。頭が滅法に良い証拠だから。

第4章は、数学には絶大な威力があるのだというデモンストレーションである。

数式なんか振り切ってしまっても、裸の論理だけでも数学はこれほど使えるのだ。数学が好きになるための念押しである。

第5章は、ほんの少々の数式で威力は格段に増すので、特に経済学の極意が、あっという間に理解できるはずである。

方程式《イクエーション》と恒等式《アイデンティティ》の判別が正しくできる。これだけのことで難解無比とされているケインズ理論と古典派理論が正確に理解できる。予備知識としては中学生程度でもよいのだが、それすら忘れてしまったという人のために、あっさりと解説しておいた。

ちょっと程度の高いところはコラムにまとめた。読み飛ばしても結構である。

数学は近代経済学を学び、資本主義社会を生き抜くために、ますます必要な学問である。

数学！と聞いただけで、「どうも苦手」と腰の引けた人も、数学の論理、数学の面白さに是非馴染んで欲しい。

数学は「神の論理」なのである。

平成一三年九月

小室直樹

数学嫌いな人のための数学（新装版）　目次

第1章

数学の論理の源泉

古代宗教から生まれた数学の論理

1
神は存在するのか、しないのか

近代数学はギリシャに始まった。ギリシャの優れた論理学と結びついたからである。ギリシャの論理学は、アリストテレスの形式論理学に結実した。しかし、完璧な形式論理学を人類精神として成果させたのは、古代イスラエル人の宗教であった。

古代イスラエル人の宗教（のちのユダヤ教）は、「神は存在するのか、しないのか」の問いかけから始まる。それが、古代ギリシャ人が人類に遺した「存在問題」に発展して、完璧な論理学へと育っていったのであった。

と言い切れば、驚くに違いない。

ギリシャの論理学はともかく、何でそれが古代イスラエル人の宗教から育ってきたのか。古代ギリシャが絢爛《けんらん》たる文化を花咲かせたのは知っているが、その時代、イスラエルの文化なんかは未開ではなかったのか。論理や数学なんか知らなかったに違いない。

しかし、マクス・ヴェーバー（ドイツの社会学者・思想家、一八六四〜一九二〇年）も言っているように、古代イスラエル人は宗教の天才であった。文化においては周辺のエジプトやメソポタミアよりはるかに低い。しかも、太古においても、彼らは卓絶した宗教を育みつつあった。その宗教こそが、ユダヤ教、キリスト教、イスラム教へと発育したのであった。

◆イスラエルの神は特異な神

その卓絶した宗教とは、唯一絶対的人格神のみを神とする宗教である。この宗教において、イスラエル人が、はじめに問題にしたのが、神の存在問題であった。

神は存在するのかしないのか。この問題と格闘しつつ、古代イスラエルの人々は、ものの考え方を論理にまで高めていった。

驚くべきことは、古代イスラエル人の神についての考え方である。それまでの異教徒の神々とまるで違うのである。異教徒の神々は、自然から生まれ、自然に依存していた。神々は、生まれ、成長し、結婚し、子を生み、やがて死ぬ。蘇ることもある。つまり、神々は、自然の力を擬人化したものである。

これに対し、イスラエルの神は、極めて特異な神である。人格神でありながら、生まれも成長もしない。聖書には「女神」という言葉もない。

神は、自然の力に対する完全な支配力を持つ。歴史を支配する唯一独立の絶対的な主である。しかも、この神は生きている！

こんな特異な神が、本当に存在するのであろうか。真剣に神に思いをいたせばいたすほど、古代イスラエル人の念頭に神の存在問題が湧き起こってきたに違いない。

◆唯一絶対的人格神との契約

神が、彼の民であるイスラエル人に、最初に最も強く言うべきことは、自分が存在するということであった。

シナイ山で召命を受けた預言者モーセが神の名を尋ねたところ、神は「在って在る者」と答えた。これこそ、唯一絶対神を奉ずる古代イスラエル人の宗教を理解する鍵である。

古代イスラエル人の宗教は、唯一絶対的人格神との契約を根本教義とする。この契約は、「破った」か「破らなかった」か、どちらかに判定されなければならない。この契約を厳守しないと神に皆殺しにされる（ノアの洪水を思い出せ！　ソドムとゴモラを思い出せ）。

イスラエル人は、慄然《りつぜん》として（ぞっとして）思考を論理に向けて推進せざるを得なかった。

そしてやがて、数学のための論理（形式論理学）へと収束していくのである。

◆論理こそ数学の生命

我々は、数学とその論理を根底から体得するために、古代イスラエル人の宗教から見ていきたい。そして、それが古代ギリシャ人の論理と同じ論理に収束して、究極的には、歩を揃えて進んでいくことになる様相《ありさま》を検証したい。

日本人は初め、何となく「論理」なんていってもピンと来にくいが、実は論理こそ数学の生命《いのち》なのである。

「論理」という字は漢字であるが、この言葉は西洋から来た。英語でlogic、ドイツ語でLogik、フランス語でlogiqueという。その源はlogos（ロゴス）である。

キリスト教に身近い人ならば、「初めにロゴスあり」（『第一ヨハネ書』）という言葉を思い出すであろう。すべての初めにはロゴスがあって、神はロゴスから天地を創造したもうた、というのである。「ロゴス」とは、元々、神の言葉、神そのもの、神の子イエス、……などという意味である。それが「論理」という意味になっていくのであるが、「論理」とは論争のための方法のことを指す。

それでは、一体、誰と論争をするのか。人と人との論争、と読者は思われるであろうが、究極的には、「神と人との論争」なのである。と言えば、日本人ならば誰しも、「何だって、神との論争だって、滅相《めっそう》もない！　考えただけで身が縮まる。とんでもない！」といった気がしてくるに違いない。勿論、容易に神が勝つような気がしてくるかもしれない。が、そうとも限らない。

しかし、古代イスラエルに発する宗教は、神との論争を軸にして展開していくのである。

神は「光あれ」と言われた。すると光があった（『創世記』第一章三）。

イスラエルの歴史は、神のアブラムに対する言葉から始まる（『創世記』第一二章）。

神は突如として出現したまいて、アブラムに語り掛けたもうたのであった。神の言葉は命令である。アブラム（後にアブラハムと改名する）は、イスラエル人の首長であった。彼は忠実に神の言葉に従って、そのとおりに行動した。如何に不合理に思える神の言葉をも、信じ、そのとおりに行動し、あえて抗《あらが》うことをしなかった（例：『創世記』第一七章九〜二二、第二二章一〜一五）。

彼はまさに宗教の教祖的な模範であった。後のイスラエル人が、彼を模範として、手本として行動していたならば、何事も起きなかったであろう。天地すべてこともなし。

しかし、その後、イスラエルの人々は神に反抗するようになった。神の言葉に抗い、抵抗するようになった。神は、人の言い分に反論し、あるいは新命令を下す。かくして、必然的に、神と人との論争が発生することになった。

◆ユダヤ教理解の鍵

預言者(prophet)は、神の言葉を預かる者であり、最も神に忠実な者であることは言うまでもない。神の代理人である。預言者の始祖はモーセである。その預言者の最大の仕事は、神との論争である。

日本人は誰しも、「神との論争」といえば、『ヨブ記』を思い出すことであろう。「虐《しいた》げられた」義人ヨブは、ひたすら神に仕え、決して悪を起こさなかったが、にもかかわらず、神は悪魔に次から次へとヨブに災難を降らせて、彼を試みに遭わせたまう。あまりの苦しさに、ヨブは、何で義人にこれほどの災難を降らせたまうのかと、あえて神に論争を挑む。

神は最後に強権を発動してヨブを屈服させるが、論争でヨブを論破したわけではない。論争では神の負けであると判定する人さえいなくはない(C・G・ユング『ヨブへの答え』林道義訳、みすず書房、一九八八年、一八三頁)。

しかしヨブは、神との論争者の始祖でなければ、代表でもない。モーセ以来、預言者はすべて神との論争に終始していたのであった。ヨナすら神と論争しているではないか(例:『ヨナ書』第四章二〜四)。特に、エレミヤと神との論争は痛切を極める(『エレミヤ書』第一二章一など。全書、神との論争に満ちている)。

預言者の始祖、最も神に忠実なモーセは、神との論争に全力を集中する。それが彼の最大の仕事である。その系《コロラリー》として、神の言葉の民への説得がある。

それは、イスラエルの頑民《がんみん》（ものの道理が分からない民）が、事あるたびに神に対する不平不満を並べ立てるからである。中国には、「殷《いん》の頑民」という言葉があるが、イスラエルの頑民たるや、到底、殷の頑民なんていうものではない。

『出エジプト記』には次のような記述がある。

神は、イスラエルの民を約束の地カナン（現在のパレスチナ地方）へ帰還させる第一歩として、まず、彼らをエジプトの地から連れ出した。

神は、奇蹟に次ぐ奇蹟によってイスラエルの民を救出したのであった。が、それでも、イスラエルの頑民どもは、何かというと、神に論争を挑むのである。

イスラエル人を出発させた後で、ファラオ（エジプト王）は後悔した。そして六〇〇台の戦車などで急追《きゅうつい》した。

エジプト軍が迫ってくると、イスラエルの民は、恐れ戦《おのの》いた。彼らは口々にモーセに言った。

「我々はエジプトで、あなたにはっきり言ったのではなかったか」。

放っておいてくれ、我々はエジプト人に仕えたい。荒野《あらの》で死ぬより、エジプト人に仕える方がましだ（『出エジプト記』第一四章一二）。

「エジプト脱出」という神の曠古《こうこ》（前例のない）の大業に賛成しないイスラエル人も多かったのであった。そのために、イスラエルの民は、神との論争を繰り返すのであった。

神は、「紅海の奇蹟」でエジプト軍を全滅させてイスラエルの民を救った。

これほどの大奇蹟を目前にしても、イスラエルの頑民どもは、なお神を信じ切らず、不平タラタラで、何かあると、神に論争を挑むのだ。

イスラエルの民が、エリムとシナイの間のシンの荒野にやって来たときの話。エジプトを出てから二カ月目の一五日。イスラエルの民は、モーセに神への抗議を述べた。

我々が、肉の大鍋の前に座って、好きなだけパンを食べていたときに、あのエジプトの地で、主《しゅ》（神）の手にかかって死んだ方がましだった。あなたたちは、全軍を飢え死にさせようとして、この荒野に連れ出したのだ（『出エジプト記』第一六章三）。

またもや、イスラエル人は脱出を後悔してエジプトへ帰りたがって、神とモーセに論争を挑んだのであった。このとき、神は、天からパンを降らせ、肉としては鶉《うずら》を与えたので論争はやんだ。かくほどまでに、奇蹟に奇蹟が重なっても、神とモーセの言に納得しようとはしない。何か不平があると、またしても論争を挑む。

イスラエルの民は、シンの荒野を出発してレフィディムに宿営した。ここには水がなかった。民はまたモーセを通じて神に論争を挑む。

なぜ、我々をエジプトから連れ出したのか。私たちと、子どもらと、家畜とを、水なしで殺すためにそうしたのか(『出エジプト記』第一七章三)。

モーセは、主に命ぜられたとおりに岩を打って水を出して民の渇きを救った(同右)。

例は、これらの三つでいいだろう。

神とイスラエルの民との関係は緊張の連続である。神が奇蹟に次ぐ奇蹟を持って恩恵を証明しても、イスラエルの民は神を信じない。何とも救い難い頑民ではないか!

まことに、イスラエルの民は許し難い頑民である。とてもじゃないが、殷の頑民などとも同日の談ではない。とてもとても! これこそ、ユダヤ教理解の鍵である。

ところが、神父さんも牧師さんも、このことをよく説明してはくれない。しかし、ここのところを、とっくりと腑に落とし込んでおかないことには、どうにも、ユダヤ教が分からない。分かりっこない。

イスラエル人の宗教は、ユダヤ教へと育っていく。ユダヤ教から、キリスト教とイスラム教とが生じた。それゆえ、ユダヤ教こそ現代宗教の根底であると、マクス・ヴェーバーも論じている。

◆モーセと神の論争に見る神と人間との契約

イスラエルの民が、神に対して、あまりにもねじれ切った論争を続けるものだから、遂に、神の堪忍袋の緒が切れた。これほどまで罪多き民は殺してしまえ。

主の怒りは燃え上がり高まり、怒りの炎が民に向けて燃え上がり、宿営の端を焼き払った(『民数記』第一一章一)。

神の怒りの炎が、特にメラメラと燃え上がったのは、十戒を授けるときであった。十戒は、神と人間との契約である。啓典宗教(revealed religion ユダヤ教、キリスト教、イスラム教)においては、神と人間との契約こそ根本教義である。宗教のすべてが、これを根本にし、ここから始まる。これほど大切なものはない。

多言を要しないと思うが、念のために、『コーラン』を引用して説明しておく。『コーラン』は聖書の最良の解説である。旧約聖書の言わんと欲するところを、いみじくも道破《どうは》(はっきり言い切る)している。

神との契約の重要さについて、『コーラン』には左のように決めつけた後で、神は宣言する。

しかるに、その後、汝らは背《そむ》き去った(『コーラン(上)』井筒俊彦訳、岩波文庫、一九五七年、二〇頁)。

そして、『コーラン』は続ける。

もしアッラーのお恵みと御慈悲なかりせば、汝ら(その報いとして)亡びの道をたどっていたであろうに(同右、二一頁)。

いよいよ、シナイ契約。十戒の場面である。

シナイ山の麓《ふもと》で、イスラエルの民は、ぐるりと山を取り囲んで幕屋《まくや》を張った。モーセ一人が山に登って神から契約を授かる。この経緯については、有名な映画、テレビなどによって、既にご存知の方も多いだろう。旧約聖書までお読みの方は、少ないと思うが。

しかし、モーセが神との契約のために山に登っている間にハプニングが起こった。イスラエルの民の本性が遂に露《あら》わになってしまったのである。四〇日、四〇夜、モーセは山に籠《こ》もって帰ってこなかった。あまりに長くモーセが山から帰ってこなかったので、イスラエルの民は不安になって騒ぎ始めた。

「一体全体、神の預言者たるモーセはどこへ行っちまったんだ。目に見えない触れることもできない神様なんてもうたくさんだ。先頭に押し出して担いで行ける神様が欲しい」。イスラエルの民は、口々にこう叫んで、金を鋳型《いがた》に入れて犢《こうし》の像を作った。イスラエルの民はこれで、目に見える神様ができたと大喜び。犢の前に壇《だん》を築き、燔祭《はんさい》(祭壇に供えられた動物を焼いて捧げること)を行い、飲めや歌えのドンチャン騒ぎを演じた。モーセ不在につけ込んでの犢祭りである。

これを見て、いや、神様が、怒ったの怒らないのって。神の怒りがメラメラメラっと燃え上がった。「わし以外の何者も何物をも神として祀ってならないと、あれほどきつく申し渡しておいたのにまだ分からないいか。エイッ。こうなった以上は、この頑民どもを皆殺しにしてくれん」

ノアの洪水、ソドムとゴモラを思い出して下さればお分かりのとおり、ジェノサイド(大虐殺)は、ヤハウェ(イスラエル人が崇拝した神。エホバ)の神の得意とするところ。ヒトラー、スターリン、比叡山焼き討ちでの信長なんて遠く及ばない。何桁も違う。とても同日の談、いや同世紀の談ですらない。

神がもし、ユダヤの民を皆殺しにしたもうていたら、世界史はずいぶんと違ったものになっていたであったろう。ユダヤ教もキリスト教もイスラム教も、啓典宗教は一つも存在しなかったであろう。

でも、どうしたわけか、そうはならなかった。

どうしたわけか、ではない。モーセが必死になって執り成して、神の怒りを宥《なだ》めたからであった。

神の意見（意志）は、イスラエルの民を皆殺しにすることである。モーセの意見はこれと正反対で、イスラエルの民を皆殺しにはしないことにある。神の意見とモーセの意見とは必然的に真向から対立する。ここにおいて、神と人間との討論は白熱する。

モーセは、何がなんでも、どうしても神を説得しなければならない。神の説得に失敗したが最後、モーセの同胞たるイスラエルの民は皆殺しにされる。神と、はっきりと結んだ契約（ヤハウェ以外のものを絶対に神として崇《あが》めない）を破ったイスラエル人の罪たるや、ソドムとゴモラの人々の罪よりも、ノアの大洪水で全滅させられた人々の罪よりも、はるかに重いのである。いつ皆殺しにされても、少しの不思議もないのである。

◆古代ギリシャで論理と数学が合体

神とモーセとの論争こそ、神と預言者との論争の原型（prototype）である。預言者に対する神の命令は絶対であるが、その正確な内容は、論争によって明らかになってくる。論争であるから、相手が絶対者であってもこれを論破し説得することも可能である。ここに論理の恐ろしさがある。神を論破して従わせるのだ！

このように古代イスラエル人の宗教からユダヤ教に至るまでは、神と人間との論争を機軸として進歩してきたゆえに、論争は極限まで進んでいった。

ここに、イスラエルの宗教が機軸となって論理学を限りなく育てて、論理学を数学に合体させ、無限の発展の可能性をはらんだ秘密がある。

論理と数学との合体は、古代ギリシャにおいて実現される。これこそ実に、世界史における画期的大事件であり、数学の無限の発達を保証するものであった。

資本主義とともに発達を遂げることになる近代数学の神髄は、論理と一体化したことにあった。実は、このことはギリシャ数学に端を発する特徴であって、他の高度文明諸社会にも見られる現象ではない。

例えば、中国においてはどうか。曰く、

数学も中国ではほとんど独自な発展を遂げた(藪内清『中国の数学』岩波新書、一九七四年、二頁)。

では、どのような独自的発展を遂げたのか。

中国の数学は実用性と密着したものであった。……ギリシャのユークリッド幾何学に見られるような論証性は、中国の数学には欠如していた(同右、三頁)。

論証性の欠如は、何も中国数学だけの特徴ではない。後述するユークリッド幾何学以外の数学は、みな論証性が欠如していたといっても過言ではない。このことに関する限り、ある意味では大変発達した古代の諸高度文明における数学も大同小異であった。つまり、論証性が欠如しているほどであったから、一貫した体系的論理はあり得なかった。

一貫した体系的論理を誕生させ、これと結びついたこと。これこそ、数学が諸科学の王となり、これらを制御し、その下に発展させた理由である。

しかし、その体系的論理が、人の世界観、人生観の中枢として、人のエトス(ethos)となるためには、宗教において合理性を獲得しなければならない。不合理な点を払拭しなければならない。宗教の合理化とともに進まなければならないのである。魔術や呪術や儀礼にまとわりつかれているというのではなく、論理がそれらから脱却して純粋に作用しているようになっていなければならないのである。

◆法律の論理は偽物

論理学の特徴としてはっきりしていることは、「正しいか」「正しくないか」、つまり、真《しん》か偽《ぎ》かがキチンと決まることである。その判定が、一義的(uniquely, eindeutlich)に決まることである。

こんなことは当たり前だと思うかもしれないが、実はそうではない。前資本主義経済においてはそうではなかったし、資本主義経済においても、どこでもそうであるというわけでもない。

例えば、裁判。裁判には、原告（例：検事）と被告（例：弁護人）という二つの立場がある。原告にも主張があり、被告にも主張がある。これらの主張は、お互いに矛盾する。どちらが正しくて、どちらが正しくないかは、本当は分からない。その本当は分からないところを分かったようにする、それが裁判である。実は、どちらかが絶対に正しくて、どちらかが絶対に間違っているということなんかは、本当はあり得ない。その本当はあり得ないことを、あたかもあり得るようなふりをする、それが裁判である。

それゆえに、裁判に「不服」はつきものである。裁判における上訴（判決に対して上級裁判所に対して不服申し立てを行うこと）は、正常な措置であり、これを行っても、誰も不思議であるとは思わない。裁判における判決は、数学における証明とは違うのである。

数学における証明は、「正しい」か「正しくない」かどちらかである。そのいずれであるかが、一義的に決められなければならない。

裁判における証明（判決）は、「正しい」か「正しくない」か、どちらかに決められるものでは、本来、あり得ない。その「あり得ない」ものを、「ごまか」して、恰《あたか》も証明したようなふりをする。それが「判決」である。まことに、法律における嘘の効用たるや絶大なものがある（末弘厳太郎《いずたろう》『嘘の効用』川島武宜《たけよし》編、冨山房百科文庫、一九九四年参照）。

このように、法律の論理は本来の論理とは若干違う。いや、大いに違う。極言すれば、法律の論理は偽物である。「嘘」を「本当」だと見せかけるための道具、それが法律の論理である。

これこそが真相であるが、前近代的な法律とは違って、近代法は「論理」を標榜《ひょうぼう》している。例えば、所謂《いわゆる》「概念法学」は、法律は三段論法を忠実に適用するものであることを看板にしている。

その解釈が論理的であることを誇りとし、他方、解釈があまりに論理的であるので堅苦しいと煙たがられる法律学の論理性すらなおかくのごとし。

その他の諸「学問」の論理たるや、「本来の論理」から一瞥《いちべつ》を投じただけでも、「論理」とも何とも言いかねる代物《しろもの》も珍しくはない。「論理」と呼ばれる怪物も横行しかねないのである。

◆アリストテレスの形式論理学

「本来の論理」という言葉を使った。そして、数学が「本来の論理」のみを使用した学問に成長したことは画期的であり、このことが数学の偉大な発達をもたらし、近代科学に基礎を与えたとも述べた。では、「本来の論理」とは何か。それは、アリストテレス（前三八四〜前三二二年）の形式論理学（formal logic）である（第2章で説明する）。

この体系はギリシャ、ヘレニズム世界、ローマ帝国、サラセン帝国、中世ヨーロッパなどにおいて論理学の模範、いや論理学そのものと見なされ、近代に及ぶ。

一九世紀末、形式論理学は、記号論理学(symbolic logic)、すなわち、数学的論理学(mathematical logic)に発展した。

形式論理学は、また、形而上学《けいじじょう》の一種として、マルクスから弁証法をもって批判された。しかも、アリストテレスの形式論理学は、曠古《こうこ》(空前)の完成度を見せるものであって、中国の論理学といえども比べものにならない。

曖昧模糊《あいまいもこ》たるところを残さず、この論理学を用いれば、真偽の判定が一義的にできるところに未曾有の強味を有する。この点において、中国の論理学とも比較にならない。

2 存在するのかしないのか、それが問題だ

――ギリシャの三大難問題

近代数学発祥の地は古代ギリシャであるが、そこには幾何学の三大難問というものがあった。

①角を三等分せよ。
②円と等面積の正方形を作れ(円積問題)。
③形が同じで体積を二倍にせよ(立方倍積問題、デロス問題ともいう)。

こんなことぐらい簡単にできるのだろうと、哲学者、幾何学者が競って挑戦した。ところが、どういたしましして！　何としてもできない。

プラトンの時代、エーゲ海のデロス島で恐ろしい伝染病が流行った。毎日何十人もの人がこの伝染病で死ぬのだが、誰もどうすることもできない。

人々は、アポロンの神殿にお伺いを立てた。アポロンの神の答えは、「この神殿の祭壇をその形は同じままで体積を二倍にせよ。さらば伝染病は止《や》ましてつかわす」というものであった。

そこで、デロスの人々は、形が同じままで体積が二倍の祭壇を作るためには、一辺の長さを倍にするべきか、幾何学者と相談した。答えは、祭壇の一辺の長さを1とすれば、2の三乗根（立方根）を作図することである。

しかも、ギリシャ幾何学の作図問題においては、定規とコンパスの他は使用を許されていない。つまり、定規とコンパスだけで2の三乗根を作成せよ。ある長さが与えられたとき、その立方根の長さを作成せよ、という問題である。

◆解のない問題もある

島の人々に相談を受けた幾何学者は、立方根の作図に取り掛かった。しかし、如何に苦心を重ねても、作図法（解法）は見つからなかった。この立方根を作図するという難問は、その後二〇〇〇年以上もの間、多くの数学者が挑戦したけれども解けなかった。

これと似たような問題は、他にもまだある。例えば、これは一見、簡単に見えるものなのだが、「ある与えられた角を定規とコンパスだけを用いて三等分せよ」という、角の三等分問題もそうだ。角の二等分ならわけはない。初歩的なソフィストも、角の二等分くらい、簡単に作図して見せられる人はいくらでもいた。二等分はすぐできる。四等分も八等分も簡単である。だとすれば、三等分はどうか？

では、このオレがやってみようと、ソフィストは次々に試みた。ソフィストとはギリシャ時代の学者のことである。二等分が簡単だから三等分であっても大したことはあるまいと努力を重ねたが、どうもうまくいかない。幾何学が自慢の彼らでも太刀打ちできなかった。

古代ギリシャでは、幾何学は学問の華とされている。ユークリッドの『幾何学原論』が学問の手本とされるようになる以前でも、プラトンも「幾何学を学ばざる者、我が門に入るべからず」と言ったではないか。

学者であることを誇りとするソフィストのこと、幾何学は得意なはずでなければならない。その彼らが試みても、どうしても、こうしても、角は三等分されるべくもない。

しかし、正三角形の作図などは至って簡単で、ギリシャ時代には既になされていたし、正方形、正五角形、正六角形……、とずっと行って二のベキ（冪）乗と特別な素数三、五などを掛けた数の辺を持つ正多角形なら簡単に作図はできた。だが、ガウスが解くまで正一七角形の作図となると、これは大問題で、長い間ずっと、解くことなんかはとてもできないと思われていた。

ヘレニズム世界、古代ローマ、サラセン世界、近代ヨーロッパで二〇〇〇年にわたって、幾何学者、数学者が争って鎬《しのぎ》を削ったが、どうしてもできなかった。

一九世紀になって、やっと解決した。解決したなんて言ったところで、できたわけではない。

なんと、「角を三等分する」「円と面積が等しい正方形を作る」「形が同じで体積を二倍にする」ことなどみんな、不可能であることが証明されたのである！

この話《ストーリー》、数学の効用を怖いほどよく表しているではないか？　数学が嫌いだなんて言ってはいられない。嫌でも好きになっておかないことには、大変なことになるとは思わないだろうか？

ここに問題がある。如何に解くべきか？　問題提起とはこのようなものだと、誰もが思うだろう。

この考えこそが、そもそもの大間違いだとギリシャの三大難問は教えてくれる。

問題には、解(答え)のない問題もある。このことを、ギリシャの三大難問は教えてくれている。

ここが肝要。政治家にとっても、企業家にとっても、このことを覚《さと》ることが一番大切なのである。

数学の効用は、まさにここにあるのだが、今の学校教育では、解(根)のない方程式があることなんて本気になって教えてはくれない。

◆ガウスの大定理

もう一つ、代数から例をとってみる。

一次方程式は、ずいぶん古い時代から解けていた。二次方程式の解き方は難しいのでなかなか解けない。が、未開人には解けないが、文明が発達してくると、やはり解ける。なんと四〇〇〇年前の古代バビロニア人は解いていたようだ。

その他、高度に発達した古代文明でも解いていたところが発見されてきた。その結果が、サラセン諸国にも伝えられて、ここでも、方程式の解法は大いに進んだ。これが、近世ヨーロッパにも伝えられ、「数学師」仲間が方程式の解法を競った。

三次方程式は、イタリアのジェロラモ・カルダノ(イタリアの医者・数学者・哲学者・占星術師、一五〇一～七六年)によって公開された。続いて、四次方程式はカルダノの高弟ルドヴィコ・フェラーリによって解かれた。そこで、数学者の関心は、次は五次方程式へと向かうのであるが、その前に、ちょっと一言。

果たして方程式に解(根)はあるのだろうか。あれば、その解は求められるのであろうか。世の数学屋、数学師に、ここまで思いが及ぶ人はいなかった。

しかし、カール・フリードリヒ・ガウス(ドイツの数学者・物理学者、一七七七～一八五五年)は、この根本問題に思いを馳せたのであった。しかも、ガウスは、「n次方程式は必ず解を有する」というガウスの大定理の発見によって、これほどの歴史的大問題に対して最終的解答を与えた。これを存在問題（the existence problem）という。これがどれほどの重大な問題なのか、古代ギリシャの三大難問を思い出し、近代史にも思いを馳せてもみよ。

3 新航路は果たして存在するのかしないのか

――「解」を目的にしたか否かが問題だ

大航海時代は、人類の歴史にとって決定的意味を有する。多くの土地が発見されただけではない。世界観が根本的に変わったのであった。

地球が丸い（らしい）ということは古代ギリシャ人も知っていた。しかし、船を乗り出して、そのことを実証してみようと試みたのは、コロンブス、バスコ・ダ・ガマをはじめとする大航海時代の冒険者たちであった。そして、最終的にそのことを証明したのは、マゼランである。

このことは知られている。しかし、マゼランは、もう一つの大発見をしていることをここに特筆しておかなければならない。それは、地球が公転している（太陽の周りを廻っている）ことを最終的に確認したことである。

コペルニクスによって天動説は否定されて、地動説が証明された。天文学的には、確かにそのとおりではある。だが、天文学的に証明されても、地上の頑《かたく》なな人のなかには、それを信用しない人々も多く生存していた。コペルニクスは用心して自説を晩年まで発表しなかったが、その後も、地動説を支持したために殺された人々もいた(中世キリスト教の世界観とは異なったため)。

さて、地動説が正しいとすれば、地球を一周してくれれば、日付が一日ズレなければならない。マゼラン艦隊の一艦(トリニダット号)は、このことを確認したのである。この大発見は、勿論、天文学者はじめ世の人々を感銘させた。これが、大航海時代における大発見の一つである。航海王エンリケ(ポルトガルの王子、一三九四〜一四六〇年)の努力が実ったのか、大航海時代には、スペイン、ポルトガルはじめ、ヨーロッパの船は自由に世界の海が航海できるようになった。

◆「解」を目的にしなかった鄭和の大航海

大航海時代の魁《さきがけ》は、明の鄭和《ていわ》(一三七一?〜一四三四年?)であった。明の成祖永楽帝《せいそえいらくてい》の三年(一四〇五年)、鄭和は二万七、八〇〇〇余人の水兵を六二隻の大船(およそ八〇〇〇トン)に乗せ、南京から長江を下って、海に出、インドの海岸を廻ってアラビアにも至った。そして、前後七回、インド洋を縦横無尽に大航海を行った。

ヨーロッパで大航海時代がスタートする八〇年以上も前である。

ポルトガルのバスコ・ダ・ガマは一四九八年にアフリカ大陸を周航し、イスラム教徒のパイロットに導かれて、カリカットに到着した。

彼は八〇年以上も前に、一〇〇トンくらいの彼の船よりはるかに大きい巨船を六二隻も率いて明の鄭和がインド洋を乗り切ってカルカッタに至ったことを知らなかった。

鄭和の「大航海」は、あまりにも巨大であったが、その後、中国の人々もやがて忘れてしまって、伝説を信ずる人も絶えてしまった。それが後年、驚くべき巨船が発掘されたので、人々は思い出したのであった。

鄭和という大航海時代の先駆者は、ほどなく忘れ去られたっきりで、歴史に何の足蹟(footprint)も残さなかった。歴史がこれによって変わることもなかった。

それに比べて、大航海時代はヨーロッパの歴史を変革し、近代資本主義と近代デモクラシーを生む契機となった。

こんな大きな違いは、何によって生じたのか。

その理由は、ヨーロッパの大航海時代に限って、その目的は新航路の発見に向けられていたからである。

コロンブスがスペインのイサベラ女王に航海資金を願ったのも、新インド航路発見のためであった。コロンブスの航海譚《たん》はよく知られているが、マゼランでも誰でも、航海者の目的は新航路の発見に向けられていた。

貴重このうえない香辛料を、インド、極東から直接購入するためには新航路の発見が必要である。

スペイン人、ポルトガル人をはじめ、ヨーロッパの船乗りたちは、争って新航路の発見へ向かった。大航海時代のヨーロッパの航海者たちの目的は、香料諸島（現・マルク諸島）へ至る航路の発見にあった。新航路の存在証明にあった。

存在問題であればこそ、それは、世界史に致命的重要さ（vital importance）を持つものであった。大航海者鄭和は、既存の進路（beaten track）を進んだにすぎない。新航路の発見はめざすところではなかった。

存在問題は、彼の眼中になかった。それであればこそ、彼の空前の大航海も、世界史には何の重要さも持たず、やがて、完全に忘却の闇に紛れ去られてしまったのであった。

◆「解」を目的にしたマゼランの大航海

スペイン人、ポルトガル人はじめ、ヨーロッパの船乗りたちは、争って新航路の発見へ向かった。新航路は存在するかどうか。航路の存在問題が正面から突きつけられたのであった。人類は、ここに存在問題を意識しなければならなくなった。コロンブスはアメリカ大陸を発見した。彼は、これはインドに違いないと思い込んだ。

それであればこそ彼は、そこに住んでいる人をインディアン（インド人）と呼んだ。しかしその後、アメリゴ・ベスプッチが、「これはインドではなく、別の新大陸である」ことを発見した。

アメリゴ・ベスプッチの説は、あまり広くは知れ渡らなかったが、バルボア(一四七五?〜一五一九年)が、パナマ地峡《ちきょう》を横断して大きな海を発見して、この大きな海の向こうに、アジア大陸もインドも存在するに違いないと気づいた。この大きな海は、太平洋と名づけられた。

そこで、探検家たちは、アメリカ大陸を横断して太平洋へ出るための海峡発見に没頭した。この海峡を渡って太平洋へ出て、西へ西へと航海を続ければ、中国にもインドにも行きつくに違いない。

アメリカ大陸を横断して、太平洋へ至る海峡はないものか。多くの探検家は、北から南から一所懸命に探した。ところが、何とも不幸なことに、アメリカ大陸は、何とも南北に長すぎた。北へ行っても南へ行っても、どこをどう突破しようとしても、海峡は見つからない。

およそ一〇年もの間、ものすごく熾烈な海峡探しの競争が起きた。ある人は北氷洋で難破し、ある人はインディアンに殺された。

また、ある人は、ラプラタ川(アルゼンチンとウルグアイの間を流れる大河。全長四八〇〇キロ、河口の川幅は二二〇キロにも達する)をさかのぼって、これが海峡だろうと信じ航海を続けたりもした。何しろ、ラプラタ川は、ヨーロッパでは想像もできない大河だから、海峡と間違われても何の不思議もない(著者自身も、飛行機の小さな窓から初めてラプラタ川を見たときは「海」と間違えたほどだ)。しかし、行けども行けども、汲み上げてみる水は淡水で、失望して、遂に探検を断念してしまった。

このとき、「私は海峡の在り場所を絶対に見つけてくる」と断言したのがフェルディナンド・マゼラン(一四八〇?〜一五二一年)である。そこでスペイン王は、マゼランに一艦隊を与えて海峡発見に向かわせた。

しかし、行けど探せど海峡は見つからなかった。乗組員たちは、「本当に海峡が在るのだろうか」と疑心暗鬼になってきた。反抗する船長も出てきた。

マゼラン自身、実は、死ぬ以上に苦しんだ。そのときの苦労は、太平洋を横断するとき、食糧がなくなって死ぬ寸前になったときよりもはるかに苦しかったと告白している。

マゼランが、「在る」と断言した海峡は、本当に、「在る」のか？　もしかすると、アメリカ大陸は、北極から南極までダーッとつながっていることもあり得るではないか。もしそうだとすると、マゼランは絶対に目的達成はできない。

ことは存在問題なのである。マゼランが「在る」と断言した海峡は、本当は「在る」のではないのかもしれない。存在問題だから、マゼランは死ぬ以上に苦しんだ。

冬はますます寒くなり、マゼラン海峡を発見する直前、パタゴニアで冬籠《ご》もりをした。実は、ほんのもう少し先まで行っていれば、この年のうちにマゼラン海峡は発見できたのである。

もし、その年のうちに海峡が本当に在ったということになればどうか。乗組員たちの間で、預言者マゼランの威信は天にも昇ったに違いない。乗員一同マゼランを信じて快く命令に従ったに違いない。

パタゴニアで冬籠もりなどするものだから、海峡の存在問題はいまだ解決されていない。

冬籠もり中に反乱が起きた。マゼランは、反乱を起こした船長を死刑にして、春を待ってパタゴニアを出発した。

何たる僥倖《ぎょうこう》(思いがけない幸運)か、間もなく海峡発見！　マゼラン海峡の発見である。

いや実は、僥倖ではない。必然なのである。そこに、海峡はあったのだから。

しかし、僥倖といってもよい。存在問題は解決されず、海峡がそこに「在る」ということをマゼランは知らなかったのであったから。海峡が「在る」ことをマゼランはいまだ知らなかったから、死ぬよりつらい思いをしてパタゴニアに冬籠もりをした。海峡が「在る」ことに疑心暗鬼で反乱を起こしたりするから、何人かの艦長は死刑にされたのだ。

海峡が発見されたとき(存在が確証されたとき)には、マゼラン一同、天にも昇る喜びであった。勇気百倍、食糧もなくなりかけていたのに、あえて、未知の大洋へと乗り出していったのであった。

存在問題は、これほどまでに重要なのである。

◆方程式の解(根)とは

いろいろと大航海時代のストーリーを語ったが、話の原型《プロトタイプ》・模範は、やはり数学にある。数学の論理を手本にして、歴史にも政治にも活用されるべきなのである。

数学における論理の標準をスケッチするとこうなる。見本は「方程式の解＝solution(根＝root)」である。

方程式の解は存在するとも限らない。存在しても解けるとも限らない。

それであればこそ、ガウスがn次方程式には必ず「解」があることを証明したとき、人々は愕然とし、方程式論の基礎はしっかりと確立されたのであった。

方程式論は、その論理を確然と示したのであった。

しかし、肝要なことなので、さらに説明を加えておきたい。

数学で「方程式が解けない」とは、どういうことか。それには、特定の意味があるのだ。特定の意味とは、「代数的演算によって」という意味である。

それはあたかも、ユークリッド幾何学における作図(drawing)のようなものだと思うとよい。作図は、定規とコンパスだけで描かれなければならない。すなわち、ある点を中心として所与の半径の円を描くことと、二点を結ぶ直線を引くことだけで作図をするのである。

古代ギリシャ以来、作図の制約は厳重であった。定規とコンパスの他の器具を用いて描かれた図は、「作図」とは認められないのである。

例えば、三大難問の一つである「角の三等分」は、定規とコンパスだけでなされなければならない。古代にも巧妙な学者はいて、定規とコンパス以外の他の器具を用いて角の三等分を作図した学者はいるにはいた。

しかし、他の器具を用いて解いた三等分線は、幾何学上の作図とは認められず、「角を三等分せよ」との命題の答えとはされなかった。

しかしプラトーとそのお弟子さんたちは、難しい器械を使ってこの問題を解くことができたのでした。でも、プラトーは「そのような方法は、幾何学の美しさを壊してしまうものである。定規とコンパスだけで解くことが望ましい」(矢野健太郎『数学物語』角川文庫、一九六一年、九八頁)。

4 n次方程式には「解」がある

――ガウスが発見した「解」の存在

既にちょっと触れたが、カール・フリードリヒ・ガウス(一七七七〜一八五五年)という偉大な数学者がいた。「アルキメデス、ニュートン、ガウス、この三人は偉大な数学者のなかで格別群を抜いている。その功績によって、三人の間に上下をつけることが、凡人の力の及ぶところではない」(E・T・ベル『数学をつくった人びと(上)』田中勇・銀林浩訳、東京図書、一九九七年、二〇八頁)といわれるほどの偉大な数学者である。

◆ガウスの大定理の意義

逸話にも事欠かない。

小学校三年のとき、先生が問題を出した。五〇から五〇〇までみんな加えていったらいくつになるかというのである。先生は、これで三〇分はたっぷりと昼寝ができると思いきや、そうはいかなかった。ガウス少年が、あっという間に答えを出したからである。

こう切り出せば、ガウス物語で数学上の大発見が語れる。ガウスは一九歳になる頃、正一七角形の作図をして世を驚かせた。これも驚くべきではあるが、ガウスによる歴史的大発見は、n次方程式には必ず解があることを発見したことである。ここで言うnは自然数。

彼は、n次方程式はn個の解（根）を有することを証明した。この「ガウスの大定理」（代数学の基本定理）は、言うまでもなく画期的なものであるが、発表の仕方も時流を抜くことを表している。

彼がなした第一の心配は、大学教授が果たして理解しうるかどうかということである。ガウス自身が懸念しているとおり、この時代には、最高の権威者でも、実在するのは実数だけであって虚数を想像上の数（imaginary number）と呼んで実在するのかどうか分からないとしていた。

ガウスは、複素数（虚数と実数との複合）を活用してこそ、数学は大いに進歩すると確信してはいた。しかし、彼の論文は、まず教授どもに理解させなければならない。そうしないことには、提出した論文は博士論文としてパスしないからだ。彼は「代数方程式の根の存在の証明」という論文を、話を実数の場合に限定して博士論文として提出してヘルムシュテット大学で合格した。

ガウスの大論文は、話を複素数 (complex number) の場合に一般化して初めて、その真価が理解される。ガウスの大定理は言う。まず、

n 次方程式は、複素数の範囲内において、必ず解を有する。

という定理が大定理の根本となる。「少なくとも一つの解がある」というのが急所であって、この命題が成立すれば、後はスムーズにいく。

読者のなかには、「ガウスの大定理」なるものも、我々の実生活とまるで無縁な問題ではないか、そのような問題を考え続ける数学者とは、実に奇妙奇天烈《きてれつ》な存在だ、と思う人が多いかもしれない。しかし、このような証明がなされたということは、数学的に絶大なる貢献をしただけではなく、その他の自然科学、そして社会科学において、べらぼうに意義深いことだったのである。

例えば、神学について言えば、神学の最大の問題は、神が本当に存在するのかどうか、という点にある。つまり、確かに神が存在するとするならば、これこれしかじかといった大議論をしても実りがある。しかし、もし神が存在しないとすれば、どんなに神学的な大議論を展開しても、およそ無意味に決まっている。

この一例からも、数学によって初めてクローズアップされた「存在問題」の重要さは、十分にお分かりいただけたであろう。

これは、数学に一大時期を画した大発見である。しかし、その重大さは数学にとどまらない。問題に、答えはあるのかないのか？　これこそ、実は人間に突きつけられた最大の問題である。

それなのに、人々は本気になって考えようとはしない。人類の一大事である！

column

数と方程式の歴史

「複素数の範囲において」とは実に驚くべき大発見であるということには、数学に馴染まない人は気づかないかもしれない。ちょっと、説明を追加しておきたい。

それまでずっと、方程式を解くたびに数の範囲は広がってきた。人が自然に知る数は自然数(natural number)である。だが、一次方程式を解くためには、分数、マイナスの数が必要となってくる。

例　(1)　$2x-3=0$　を解け。　→答　x は $\frac{3}{2}$　分数

(2)　$x+2=0$　を解け。　→答　x は -2　マイナスの数

一般の二次方程式を解くためには、無理数、虚数(二乗して-1になる数を用いて表される)が必要となってくる。無理数とは、分数で表されない数である。有理数(分数で表される数)と無理数とを併せて、実数(real number)という。

(3)　$x^2-2=0$　を解け。　→答は$\sqrt{2}$と$-\sqrt{2}$　無理数

(4)　$x^2+1=0$　を解け。　→答はiと$-i$　iは二乗して-1になる数　虚数

二次方程式の解(根)は、「実数と虚数との和」、すなわち、複素数(complex number)で表されるのである。

一次方程式、二次方程式を解くために、こんなに数の範囲が広がってきた。

では、三次方程式を解くときならばどうか(カルダノが解いた)。三次方程式を解くとなると、数の範囲は複素数よりさらに広がるのではないか。そうも懸念されたが、幸いにもそうはならなかった。解は複素数の範囲内に収まったのであった。

では、四次方程式の解ならばどうか。これもやはり複素数の範囲内に収まった。

既に述べたように、三次方程式はカルダノが解き、四次方程式はフェラーリが解いた。

しかし、五次方程式は、その後三〇〇年にもわたって誰にも解けなかった。

のちに、一八二五年、ノルウェーの偉大な数学者ニールス・アーベル（一八〇二～二九年）によって五次方程式は代数的に（係数に四則演算と根号を施して）解けないことが証明された（アーベルの定理）。

ガウスの時代には、人々は五次方程式の解法が分からなかった。解けないことも知らなかった。

こんな時代に、ガウスはなんと、五次方程式も六次以上の方程式もちゃんと解を持つことを証明したのであった！　このことによって、方程式研究は確実な基礎の上に置かれることになった。

しかも、方程式の次数がどんなに高くなっても、数の範囲は複素数（実数と虚数）より拡大する必要がないというのであるから、虚数は、ずっしりと存在感を高めた。

それまでずっと、人々は、数学者を含めて、虚数は実在しない想像上の（imaginary）数であるという迷信にとりつかれていた。そのために、虚数を含む複素数を使うのには、何かとためらいを拭《ぬぐ》い切れないのであった。

ガウスやオーギュスタン・コーシー（フランスの数学者、一七八九～一八五七年）などを経て、人々は複素数を自由自在に駆使するようになる。

それも、ガウスが方程式の解の存在定理において突破口を開いたからであろう。

◆解があっても解けない方程式がある

ガウスの存在定理によって、n次方程式には必ず解が存在することが分かった。

それでいて、五次以上の方程式は代数的には解けない（ガロアの定理）ことも分かった。

これこそ、数学が人々に突きつけた重大このうえない認識である。

大学でもどこでも、このことを特に念入りに、学生・生徒に教えるべきである。これほど有益な教訓は他にないのだから。それなのに、教科書には影も形も見当たらないというのはどういうわけなのだろうか。

今では、「方程式」という言葉は、「恋愛の方程式」とか「出世の方程式」とか、広く用いられるようになった。

それならば、ガウスの定理とアーベルの定理とガロアの定理とは、比喩として最適ではないのか。

解があることは分かり切っているのにどうしても解けない！　これほどの悲喜劇もあるまい。いや、これほど重大な認識もないのである。

5

最高の役人は最低の政治家である
——マクス・ヴェーバーが発見した「解」のない政治の現実

「方程式」という言葉は、数学だけでなく、「出世の方程式」とか「恋愛の方程式」とかいう具合に比喩的にも使われる。使い方は適切である。意味は、「……の答えは何か」ということを手短かに表したのであろう。それはそれでいい。

だが、数学の言葉を喩《たと》え話に使うのなら、「……には答えがあるのか」「果たして答えは見つかるのだろうか？」というような比喩に使ってもらいたかった。問題にとっては、実はこれが一番大切なことなのである。数学の論理を見習う、社会に活用していく所以《ゆえん》も、この考え方にある。「方程式」の効用は、まさにここにある。

それなのに、どうしたわけなのだろう。

既に述べたように、日本の学校教育では、「解のない方程式」「解があっても解けない方程式」のあることを教えたがらない。こんなことでは、数学を手本にして、経済、政治、社会を考えていくことなど、まったく五里霧中ではないか。その典型が役人である。

マクス・ヴェーバーは、「最高の役人は最低の政治家である」と言った。「役人という者は、朝から晩まで、答えのある問題の解決にだけ没頭しているものだから、そのように頭が出来上がってしまっている。だから、政治家には向かない」ということを彼は言わんとしているのである。

政治家の任務は、答えのない問題に取り組まなければならないことにある。解けないかもしれない問題にも対決しなければならない。それなのに役人は、良い役人として仕上げられた人であればあるほど、問題には答えがあり、解けるに決まっていると思い込んでいるものだから、答えのない問題、解けないかもしれない問題に直面すると途方に暮れ、尻尾を巻いて逃げ出してしまうのだ。だから、役人として仕上げられれば仕上げられるほど、政治家には向かなくなるのである。

例えば、日本の経済官僚は、インフレ対策ばかりに頭を悩ましてきた。どんなインフレにはどんな政策を用いるべきかについて、頭は練りに練られた。しかし、「デフレ」なんて、誰も聞いたこともなかったし、驚いたことに、まともに研究している人もいなかった。

著者は数年前にこのことを指摘したが(拙著『日本人のための経済原論』東洋経済新報社、一九九八年、二九七〜三〇三頁)、状況は依然として変わっていない。だから、デフレが突如として襲ってきたら最後、拱手傍観《きょうしゅぼうかん》するしかない。

ヴェーバーの言葉に耳を傾ける役人は皆無であろう。彼らは強い権力志向を持ち、中央・地方の政界へと身を転じる者も少なくない。そしてまた、特殊法人や大企業に天下る者も、以前から批判はありながらも、一向に少なくならない。

こうして「最低の政治家」を戴《いただ》く天下の日本という問題解決力のない国家が出来上がってしまったのだ。

第2章

数学は何のために学ぶのか

論理とは神への論争の技術なり

1

「論理」とは「論争」の技術なり——東西の論争技術

数学と経済学の参考書で有名になった細野真宏氏は、数学を勉強することの意義とは「論理的な思考力を身につけるため」であるという。そして、「論理性を必要とする数学や経済や日常生活などはすべて同じものである」と説く（細野真宏『数学が面白いほどわかるシリーズ』中経出版）。

これはまことに至言《しげん》である。「数学は何のために勉強するのか？」という我々の疑問に対する明確な解答の一つであるといえよう。

日本人は「論理」なんていっても、初めは何となくピンと来にくいが、実は「論理」こそ数学にとっての生命なのである。「論理」とは論争のための方法のことを指す。

それでは、一体、誰と論争をするのか。人と人との論争、と読者は思われるであろうが、究極的には、神と人との論争なのである。そして、「論理」とは神への「論争」の技術なのである。このことは既に述べた。そこで、話を先に進める。

◆ヨーロッパの論争技術「国際法」

国際法はヨーロッパに発達した。その理由は、本格的コミュニケーションが可能であったからである。ヨーロッパは、ラテン語という言語を共有し、さらに重大なことは、キリスト教という宗教を共有した。しかも、ヨーロッパ諸国は、ニケア（ニカエア）信条（三二五年、イエスは神にして人、人にして神という信条）を奉ずる宗派の信徒である。この点、ヨーロッパは抜群に国際法を育てやすい条件の下にあったといえよう。

ローマ法王と神聖ローマ皇帝の権威の下にあった中世ヨーロッパから、絶対独立の君主を持つ民族国家が成立した。この間、自然法とローマ法の伝統の中から、人間の法としての国際法が育っていった。その理論を体系化したのは『戦争と平和の法』（*De jure belli ac pacis*）を著したオランダのフーゴー・グロティウス（一五八三〜一六四五年）であり、制度の面ではドイツ三〇年戦争（一六一八〜四八年）後のウェストファリア条約（一六四八年）によって、主権国家の概念や国際秩序なるものがはじめて形成されたことに始まる。

古代から中世にかけての「戦争」といえば、ズバリ殺し合いであり、殺戮《さつりく》の現場、いわば修羅の巷《ちまた》であった。戦闘員は、兵士というよりも野獣であった。つまり、「広くキリスト教会を通じて、蛮族さえも恥としなければならないような、戦争に対する抑制の欠如が見られた。ひとたび、武器がとられるや、あたかも、どのような犯罪を犯しても差し支えない錯乱状態が公然と法令によって許されたかのような有様を呈している」(田畑茂二郎『国際法I(新版)』有斐閣、一九七三年、一七〜一八頁)。

当時の戦争は悲惨このうえない形で展開されていったから、三〇年戦争ではドイツ人口の三分の一か四分の一が殺し尽くされたといわれている。

国際法の中心は戦時国際法であり、戦時国際法は、戦争の惨禍を少しでも軽減することを目的とし、問題意識として発達していった。そこで、各主権国家は、この目的のために、国際法を手段として相手国の戦争行為を批判するようになっていった。

このようにして、国際法は、国家間の国際的論争の方法として、盛んに用いられるようになった。ただし、日本に限って埒外《らちがい》である。

第二次大戦が終わってまだ日の浅い頃、東京大学で国際法を講義していた横田喜三郎《きさぶろう》教授は、戦時国際法は雲散霧消してしまって、もはや存在しないと主張した。そして、その頃に同教授の著した国際法の教科書には、戦時国際法の部分が完全に欠落していたのだ(小室直樹・色摩力夫『国民のための戦争と平和の法』総合法令、一九九三年、二五二頁)。

西洋では、論理は神への説得技術から発生したことは既に述べた。特に重要な例は、モーセの神に対するイスラエル人の弁証(弁護の成功)である。古代アテネではデモクラシーと裁判が発達したため、論争の技術としての討論が普及し、論理が完成されて形式論理学に至った。ヨーロッパでは、近代国際法がこれを受け継ぎ、論争の技術をさらに発達させていった。

◆蘇秦・張儀に見る中国の論争技術

次に中国からの事例を挙げておく。日本人と違って中国人は、論争、討論、説得を極めて重んずる。学んで雄弁の術を極めれば、歴史上には目も眩《くら》むほどの立身を遂げたという例は枚挙《まいきょ》に暇《いとま》がない。遊説《ゆうぜい》の士を引き立てる君主の側でも、有能な人を首相にして有効な政治を行えば、思いもかけなかったほどの富国強兵も可能である。いずれも、論争、討論、説得を鍵に行われる。ゆえに、日本とは違って、論理は極度に発達した。

しかし、後述するようにギリシャのような形式論理学にまでは発達しなかった。発達したのは、揣摩臆測《しまおくそく》の論理、情誼《じょうぎ》をたかめる論理であった。

この発達させた「論理」と形式論理学との違いは、どこから来たのか。

それほどまでに論理好みの中国社会といえども、究極的に発達した形式論理学には馴染まなかったからである。とはいっても、論争好みの中国人がどれほど論理を重んずるか、日本人には遠く想像も及ばない。しかし、その論理たるや、形式論理学とは別物である。

春秋戦国時代(前七七〇~前二二一年)の事例を取り上げてみたい。

この時代、中国は、多くの国々に分かれて戦争をしあっていた。各国の君主(王様や諸侯は、優れた人材を選りすぐって大臣に抜擢して功業を競わせた。人材を得た国は栄え、人材を失った国は亡びる。この点は日本の戦国時代と同じことであった。

人民の側でも、抜擢してもらって大臣や将軍になって活躍するために、争って他国へ赴いた。この時代は階級社会であって、幾重もの上下の階級に分かれ、下には貧困を極めた庶民も多くいた。その最下層の庶民にも、戦国時代になると大抜擢されるチャンスも生まれたのであった。

日本でも、戦国時代には、足軽(最下級武士)にも大名になるチャンスがあった。ここまでは中国と同じであったが、日本では、槍一筋に生きて立身することはあっても、弁論で重く用いられるということはなかった。どんなに弁論に優れていても、口先者にすぎないと軽侮《けいぶ》されるのがオチであった。

この点、中国は違った。かの張儀《ちょうぎ》は、鬼谷《きこく》先生の下で雄弁術を学んだが、初め散々に失敗して帰った。彼の妻は、「本を読んだり遊説なんかおやめなさい。こんな恥をかくこともないじゃありませんか」と言った。

張儀は妻に向かい、「オレの舌をよく見ろ、まだあるか」と言った。妻は答えて「まだ、ありますよ」と言った。張儀は「それで十分だ」と答えた。有名な話である(紀元前九一年頃に完成したといわれる司馬遷『史記』全一三〇巻の中の「張儀列伝第一〇」)。

「舌さえあれば何とかなる」とは、戦国時代の日本では通用しない命題(文章)であるが、戦国時代の中国では立派に通用した。舌があれば説得できる。権力者を説得すれば立身する(有利な就職をする）可能性が残されている。

この可能性を常に念頭に残しておくところに、中国における論理の特徴がある。名もなく貧しい者が、揣摩《しま》の術（君主の心を見抜き、思いのままに操作する術）を案出して目も眩《くら》むほどに出世して名声を轟《とどろ》かせた原型としては、この張儀と蘇秦《そしん》が有名である。そして、彼らのような人々は、その後も輩出した。

蘇秦、張儀の弁論術は、君主の心を揣摩して論争を仕掛けてこれを説得する。説得に成功すれば、驚くほどの栄職と権力が授けられる。『史記』における例は日本人の想像を超え、目も眩むばかりである。

しかし、説得を聞いてくれる人を発見することは困難である。ともかくも聞いてくれる人を発見できたとしても、説得に成功することは困難であり、失敗すれば、辱《はずかし》めを受け、あるいは刑罰を受け、あるいは殺される。

蘇秦は洛陽《らくよう》の人であり、鬼谷先生に学問を習った。諸国を巡ったが、彼の雄弁に耳を傾ける人もなく、すっかり貧乏して帰郷した。周の顕王に意見を具進したいと願い出たが、却下された。はるばると秦の国へ出かけて行って、恵王に考え抜いた卓説を進言したが、秦王にも任用されなかった。蘇秦ほどの雄弁家でも、耳を傾けてくれる人を発見することは困難であったのである。

そこで蘇秦は趙《ちょう》へ行った。趙の首相は奉陽君《ほうようくん》であったが、奉陽君は蘇秦が気に入らなかった。仕方がないので蘇秦は趙も立ち去り、燕《えん》へ行った。燕でも、すぐさま君主に会うことはできず、一年後に、やっと燕の文侯《ぶんこう》に目通りして進言できた。

蘇秦は、ここぞと決河《けっか》（河が溢れるような）の熱弁を奮った。

蘇秦の分析力、雄弁の見事さは、今日読んでも一驚《いっきょう》を喫して（びっくりさせられて）余りある。司馬遷（太史公）も、大量の紙幅《しふく》を割いて紹介している。そのエッセンスは、燕が侵略もされずに平和であり得た理由の解明にある。

その理由は、要するに趙が秦から燕を守ることが極めて容易であるように地形の構図ができているからである。その地理の説明の周到なこと驚くほどである。そして、「趙と盟約を結ぶことが、燕にとって最良の国策である」と結んだ。

文侯は説得された。そして蘇秦に馬車と金と絹布《けんぷ》を与えて趙にやって、燕と趙の同盟の交渉をさせた。蘇秦は、燕をはじめ、韓、魏、趙、斉《せい》、楚《そ》などで同盟を結んで、秦に対抗するのが、これらの国々にとって国家長久の計であることをこと細かに論じた。

その論旨の雄大にして詳細なこと、よくまあここまで収録したと感歎《かんたん》のほかあるまい。趙の粛侯《しゅくこう》は、「自分は年も若く、位に就いてから日も浅い。このような国家長久の計は今まで聞いたことがなかった。先生は、諸侯を安んぜんとのお心と見た。予（私）は、先生の言われるような国策をとろう」と感服した。蘇秦の説得成功である。

燕からスタートした蘇秦は、趙を手始めにそのほかの四国を次々に合従《がっしょう》（対秦同盟）に誘い込んでいった。韓の宣恵王《せんけいおう》、魏の襄王《じょうおう》、斉の宣王《せんおう》、楚の威王と、次々と説得に成功し、遂に六国（燕、趙、韓、魏、斉、楚）の間に合従を成立させ、力を合わせて秦に拮抗することになった。

蘇秦は、合従という軍事同盟の従約長《しょうやくちょう》（事務総長）となり、同時に六国の宰相を兼ねた。洛陽の貧乏人・蘇秦としては目が眩んでも足りないほどの大出世である。この大出世が、六国の君主を討論で説得することによって成し遂げられたのである。

中国社会における討論ということの意味がこれだけでも十分に証明できたであろう。『史記』（中国では古来、最高聖典、それが歴史であってきた！）で蘇秦と並称される張儀の列伝がこのことをさらに裏づける（「張儀列伝第一〇」）。

張儀は、初め蘇秦とともに鬼谷先生に学んだが、蘇秦さえも張儀には敵《かな》わないと認めていた。張儀は、それほどの討論の達人である。蘇秦が雄弁の秘術を駆使して成立させた合従を、張儀は独自の説得術で解体させ、秦を盟主とする連衡《れんこう》を作り上げた。

その後、「合従連衡」といえば、二五〇〇年にもわたって、国際政治における巧妙な術策《じゅっさく》（やり方）を表す用語となっている。また「張儀・蘇秦の術」とは、説得術の極限を表す術語となっている。彼らの討論術はそれほど卓絶していたのであった。

◆韓非子が説く中国の論争技術

『史記』でこれほどまで蘇秦・張儀の話が重視されているというのも、古代中国で弁論術が大きな役割を演じていたことの証左（証拠）である。古代ギリシャでも、デモステネス（紀元前四世紀のアテネの弁論家。常に反マケドニアの立場をとった）の雄弁はフィリッポス二世すら軍隊以上に怖れしむるものがあったとされているが、古代中国においても、雄弁はそれに優るとも劣らない意味を持っていた。

では、その雄弁術、討論術の特徴はどのようなものであったのか。

古代中国（春秋戦国時代）における討論術は、説得術であった。討論で相手を論破するといっても、論理で相手をトコトン追いつめて進退極まるところに追い詰めるのではない。相手（特に君主）を納得させて、「なるほど、そういうものか。先生は賢人である。お説に従うようにしよう」という気を起こさせるのが討論の目的である。論理で相手を追い詰めるということはあり得ない。

この点で中国の討論は、インドともギリシャとも違う。インドやギリシャでは、政治権力に妨げられず、純粋に哲学を追究できる階層を生んだが、中国では、かかる階層を生まなかった。何事も、究極的には政治権力者の方寸《ほうすん》（心）次第である。

どうすれば権力者の心がつかめるかが論争技術の鍵となる。韓非子《かんぴし》（戦国末期の思想家、韓非の尊称として韓非子と呼ぶ。また、その弟子たちが師（先生）の考え方を全二〇巻五五編から成る『韓非子』にまとめた）は、論争のコツを説明している。曰く、

君主の誇りとすることを強調して、恥とすることに少しも触れない言い方をすることである

(『韓非子』および『史記』「老子・韓非列伝第三」)。

論争の技術は、どうすれば君主(政治権力者)の心をつかめるか、それに尽きる。君主に親しまれて疑われることなく、言うべきことが述べ尽くせるようにすることが大切なのである。このような君主との間の人間関係が成立してはじめて、突っ込んだ献策をしても疑われず、論争を交えても罰せられなくなる。まず、君主との間に「深い情誼《じょうぎ》」と言えるほどの人間関係を作るのが説得の成功の事始めであるという(拙著『小室直樹の中国原論』徳間書店、一九九六年、一二一~一二三頁参照)。

中国人にとって、昔も今も、情誼の深さこそが最大の関心である。情誼の深い相手には、商品も安く売れば約束も固い。証文なしで金も貸してくれる。情誼の浅い相手に対しては、その逆である。一事が万事、情誼が物をいう。

論争の意味にも、情誼の深さがかかわってくる。さすがに韓非子は、このことを、初めに強調するのである。情誼が深ければ、容易に深く説得される。情誼が浅ければ説得され難い。相手は権力者である。下手すれば殺されたり罰せられたりするかもしれない。

ゆえに、論争でまずなすべきことは、相手との情誼を深めることである。論争の相手が君主である場合では、特にこのことが強調されなければならない。韓非子は、これこそ論争法のエッセンスであると繰り返し説く。中国では、歴史が最高の聖典である。韓非子も歴史から範例を引いている。他の例を挙げてみる。

伊尹《いいん》は料理番であったし、百里奚《ひゃくりけい》は奴隷であったが、このやり方で、身分を顧みず主君の信任を勝ち得たのであった(『史記』同右)。

伊尹は殷《いん》の湯王《とうおう》の宰相として、百里奚は秦の繆公《ぼくこう》の宰相として歴史上名高い。彼ら二人に、これほどの大きな功績があったのも、利害を明白に計算して君主に進言し、君主の正しいことも正しくないことも率直に指摘したからである。こんなことを君主に受け入れさせることができたというのも、君主との間に、深い情誼を開発していたからである。

韓非子は、君主に進言することの如何に困難であるかを知り抜き、「説難篇《ぜいなんへん》」を作ったのであるが、その書にあらゆる場合が言い尽くされている。「説難篇」は、「すべて説くことの難しさは、君主の心を見抜き、それに合わせて説得するにある」とエッセンスを要約している。

君主の心を見抜くことを誤ると、正しいことを言っても殺されることがある。

鄭《てい》の武公《ぶこう》は胡人《こじん》を伐《う》つ計画を立てたとき、娘を胡《こ》の君主の嫁にやった。そして家来どもに、「どこへ出兵するのがよいか」と問うた。関其思《かんきし》は「胡を伐つのがよろしいでしょう」と進言した。武公は「胡は娘を嫁にやった国である。それを伐てとは何事だ」と言って関其思を斬り殺した。胡の君主はそれを聞いて油断しているところへ武公は奇襲して攻略した。関其思は鄭にとって正しい政策を進言したが、主君の武公の意図を見抜けなかったから斬殺された。

宋の国に金持ちがいた。雨が降って土堀《つちぼり》が崩れた。「すぐ直さないと、泥棒が入るでしょう」と息子が言った。隣の人もそう言った。泥棒が入って多く盗まれた。息子も隣の人も同じく正しいことを予言したのに、息子は賢いと褒められ、隣の人は疑いをかけられた。

韓非子は何を言っているのか。

正しいか正しくないか、あるいは真か偽か（ある命題［文章］が成立するかしないか）ということである。これは、中国社会においては一義的に決まることではない。客観的に決まっていて、そこに存在することではない、ということである。

これに対し、古代ギリシャの論理学を完成させたアリストテレスは次のように言う。「正しい」と同時に「正しくない」ということはあり得ず（矛盾律）、「正しい」と「正しくない」以外の第三のこと（中間）もあり得ない（排中律）のだ。もちろん、「正しいことは正しい」に決まっている（同一律）。これらは形式論理学の基本法則であり、論理の苦手な日本人の目からも、一見、当たり前のことのように思えよう。

にもかかわらず、古代中国の論理（論争の技術、説得術）は、論理学の基本法則が成り立っていることを肯定していない。むしろ否定していると見るべきである。中国最高の論理家韓非子は、インド最高の論理家ナーガールジュナ（龍樹《りゅうじゅ》、一五〇?〜二五〇年?）とは違って、形式論理学の否定を明白に打ち出してはいない。しかし、韓非子の論調を整理していると、やはり、形式論理学を否定していると読めてくる。

古代中国の論理では、当該の命題（文章）が成立するか成立しないか（真か偽か）は、言う者と聞く者の情誼の深さによって決まる。また、言う者が聞く者の心を見抜いているかどうかによって決まる。

形式論理学の真骨頂は、言う者と聞く者との能力とも人間関係（情誼）とも全く独立に、当該命題（文章）が成立するかしないかが、決定されるところにあるのだ。

◆韓国人・中国人の論理と、論理のない日本人

論理とは論争（討論）の技術である。ゆえに論争のないところでは論理学は発達しない。日本人は、飛び抜けて論争を好まない。ゆえに、論理もそのように発達しなかった。

日本人がどれほど論争を好まないかは、隣の韓国人と比べただけでも一目瞭然たるものがあろう。韓国人の喧嘩は、罵詈讒謗《ばりざんぼう》の集中砲火から始まる。その場にいたたまれなくなるようなダーティワードが後から後から飛び出す。相手が如何にひどい奴であるかを証明するために言い立てる。口合戦に、こんな時間とエネルギーを費やしていいのかなあ、本番のときにどうするのかなあと、他人事ながら心配になってくる。

でも、大概これでいいのだ。いや、口合戦が「本番」で、よほどのことがない限り、これでおしまい。日本では、昔から「口で言うより手のほうが早い」という喧嘩法が尊ばれてきたが、韓国で

こんなことをしたら大変。どうしようもない暴漢だということにされてしまう。中国でもそうだが、論争というものを非常に重視しているのだ。

今でも韓国人が尊敬している安重根《あんじゅうこん》(朝鮮の独立運動家、一八七九〜一九一〇年)。実は、当時の日本人も安重根を尊敬していた。

一九〇九年一〇月二六日、首相四回を務めた筆頭元老の伊藤博文は、ハルビン駅で安重根に射殺された。この日は、韓国人にとって最大の「祭日」となった。

一九七九年、朴正熙《パクチョンヒ》大統領も、ちょうど七〇年後の同月同日に射殺されている。

安重根とはいかなる人物か。

南満州鉄道の筆頭理事で伊藤の寵愛《ちょうあい》を受けていた田中清次郎は、「あなたが今まで会った世界の人々で誰が一番偉いと思うか」との問いに対して、言下に「それは、残念であるが、安重根である」と言い切った(安藤豊禄『韓国わが心の故里』原書房、一九八四年)。

田中は、伊藤公に大変可愛がられた人であるから、残念に決まっている。そして、当時の日本にとって、日本近代化の立役者たる伊藤公を暗殺したのだから、安重根ほど憎むべき者はいないはずである。それでも、田中は恩人の仇、安重根こそ世界一立派な人物であると言下に断言したのである。

旅順《りょじゅん》監獄における安重根の取扱いは丁重を極めた。三度の食事はみんな白米、下着も四枚の綿入り布団も上等、ミカン、リンゴ、ナシなどの果物が毎日三度も出され、煙草も西洋の上物であった（中野泰雄『安重根』亜紀書房、一九八四年）。極刑に処されることは明らかであったが、まさに国士としての待遇であった。

平石氏人《うじんど》旅順高等法院長をはじめ、看守、判事、検事に至るまで、安重根に接する者は競って揮《き》毫《ごう》を求めた。彼は墨痕淋漓《ぼっこんりんり》「為国献身軍人本分」と大書した。「お国のために我が身（命）を献じる（挺《てい》する）のは軍人の本分（務め）なり」という意味だ。

驚くべきことではないか？　それは、安重根の論理と態度とが、あまりにも見事であったからである。安重根の論理によれば、伊藤暗殺の理由は、彼が韓国の独立を奪おうとしたことにあるという。しかし、彼の意識の中には韓国一国の独立があっただけではなかった。それが、日本のためでもあるという。日本の最大の重臣である伊藤を殺すことが、なぜ日本人のためになるのだろうか。

ここに、安重根の論理を理解する要諦《ようたい》がある。

明治天皇は、対露宣戦の詔勅《しょうちょく》において、日本の戦争目的は韓国の独立を全うし、東洋平和を守ることにあると宣《のたも》うた。これを聞いた韓国人は大いに感激し、日本軍に協力する者も多かった。日本軍の戦果を我が事のように喜んでいた一人が安重根であった。

しかし、伊藤は日韓併合を目的にして、韓国の独立を奪い、東洋の平和を乱した。これは天皇の詔勅に背くことにもなる。ゆえに、私は逆賊たる伊藤を殺した、という。この動機だと、安重根は日本の意識では勤王の志士となる。明治維新の尊王の機運が残っているこの時代に、彼の論理は多くの日本人の尊敬を集めた。また、この論理では日清・日露で戦死した日本人も、伊藤によって裏切られ殺されたことになる。

このように安重根は公判における最終弁論において陳述した(中野前掲書)。彼の論理は、日本人の想像を超えて展開するが、日本人にも納得し得るものであった。この時代の日本人への憎悪にもかかわらず、何とも一貫した論理ではないか(拙著『韓国の悲劇』光文社、一九八五年、一五五~一六〇頁)。

日本人は、志士でも誰でも、生命を捨てて人を殺すとき、これほど透徹《とうてつ》して頭は動かない。論理が動き出すことはないのである。

◆なぜ、日韓関係は良くならないのか——論理と非論理の衝突

ここが、日本人の論理と、朝鮮人・韓国人、中国人の論理との大きな違いである。日本人は、矛盾に気が回らない。朝鮮人・韓国人も中国人も、矛盾には敏感に反応する。矛盾律までは意識しなくても、矛盾には、すぐに気を立てる。日本人は、「矛盾」という言葉は知っていても、矛盾には気を留めない。

このことは日本の朝鮮統治に対する朝鮮人・韓国人の誤解の最大の根源となった。

日本が韓国(大韓帝国)の独立を奪って併合したとき、日本は朝鮮を征服したのではなく、対等に合邦《がっぽう》したと称した。当時、日本は清国もロシアをも打ち破るほどの世界最強のパワー(列強)の一つ

にのし上がっていた。他方、朝鮮は、自国の内乱さえも抑え切れない程度の弱小国であった。

これほどの大国と、いとも弱い小国との間に、平等な合邦なんかあり得ないことはこの当時の国際常識であった。例えば、イギリスがインド帝国を征服したとき、これは対等合邦であるなどと言ったか。インド人はイギリス人と平等であるなどと宣言したか。そんなことがあり得ないことは当然すぎるから、イギリスはそんなことは一言も言わなかった。もちろん、ほのめかしさえしなかった。

インド人は、イギリスによる統治には、もちろん、不満であり、呻吟《しんぎん》したが、やむなく、諦めていった。朝鮮人は、併合の詔勅で対等合邦だと宣言され、朝鮮人は日本人と平等であるとまでおだてられた。そんなことは、あり得ない、全くの嘘であるとは思わなかった。

日本人は、論理学に無縁の衆生《しゅじょう》であり、矛盾律にも排中律にも関係がないことを平気で言うことを彼らは知らなかったからである。

日本の植民地統治は、ヨーロッパ諸国では類が見られないほど寛大であり、好意的ではあった。イギリス人はガンジス川下流、ダッカの職工（インド綿を織る職人）の手首を残らず切り落とし、タスマニア（オーストラリア）人を殲滅《せんめつ》（皆殺し）させた。アメリカの奴隷商人の手口は、目を覆わんばかりのものであった。

大日本帝国は朝鮮半島にて義務教育を施し、さまざまな施設を建設するなど、近代化への布石を進めたのである。大阪帝国大学より先に京城（ソウル）帝国大学を作った。これは、公平に歴史を見る者が否定できるところではない。しかし、日本人がこのように主張すると、韓国人・朝鮮人・中国人は、直ちに反撥《はんぱつ》する。

昨今の小泉純一郎首相の靖国神社参拝騒動、『新しい歴史教科書』に対する猛反発に表れるように、日本への悪感情は依然として根深い。

これも、日本人の論理的な曖昧さに端を発しているように筆者には思えてならない。日本人は嘘をついたのではなかったのか？

日韓併合（一九一〇年）のときには、これは対等な併合であり。内地人も朝鮮人も全く平等に取り扱うんだと宣言しておきながら、実際にはどうだったのか？

日本の朝鮮統治の方針について天皇は詔書を発して宣《のたも》うた。天皇は、日夜、朝鮮人の幸福を心がけ、内地人との間に少しの差別もない。日本の首相以下の諸大臣、朝鮮総督も機会あるごとに、朝鮮は日本の植民地ではない、日本が朝鮮を征服したのではなく、対等に合邦したのである。朝鮮の人民と内地人とは、完全に平等であるなどと繰り返した。

その言や良し。しかし、実態はどうであったのか。ときに帝国主義の全盛時代である。日本と、全く軍事力を持たない朝鮮との間に、対等合併なんてありようがない。

右の表現は、アメリカのジョセフ・グルー（第二次大戦前の米駐日大使、一八八〇〜一九六五年）が言うところの「日本人の驚歎《きょうたん》すべき自己欺瞞《ぎまん》の能力」（『滞日十年』石川欣一訳、毎日新聞社、一九四八年）の発揮にすぎない。

日本人同士なら、ここにおける阿吽《あうん》の呼吸がよく分かるので、何かこう、外国人にも通じるのだと思い込む。日本人的センスからすると、「おまえらのような弱小民族は差別されて当然だ」とは、思っていても絶対に言えないし言わない。

イギリスがインド帝国を征服したとき、これはイギリス本国とインドとの対等合併である、インドはイギリスの植民地でなく、イギリス本国とインド人との間には、全く差別はないなんていうことは言わない。言うわけがない。アメリカの白人が、黒人奴隷に対して、我々は対等である、何の差別もないなんていうことは絶対に言わない。

そんなこと、あり得るはずがない。だから、そうは言わないのだ。もし、かくのごとく言うことがあるとすれば、それは実現する決意のあるときだけである。ゆえにそれは、植民地なり奴隷なりの解放宣言になる。

論理的にはこのとおりであるが、論理音痴の日本人には、どうにも見えてこない。一方においては解放宣言を発しておきながら、他方においては、平然として解放宣言を無視している。ともかくも論理が身についている彼らにとっては何とも腹立たしい限りである。

ここに気づかず、日本人は何回でも論理無視、論理蹂躪《じゅうりん》を繰り返す。そして、それが善意だと思い込んでいる。これでは、不信は累積されるばかりではないか。その結果、欧米植民帝国主義諸国におけるよりも、はるかに小さい差別でさえも、この不信あるゆえに、拡大鏡にかけられ、途方もなく大きなものに見えてくる。

論理を知らないことによる日本人の損失が量り知れないことをお分かりいただけたであろう（小室前掲『韓国の悲劇』一六〇～一六二頁参照）。

2 東西の論理の違い

近代数学の論理は形式論理学である。形式論理学は、古代ギリシャのアリストテレスが完成させた。しかし、完璧無欠な形式論理学（formal logic）へ向けて論理（logos）を収束させていったのは、古代イスラエル人の神であった。古代ユダヤ教の神であった。

古代イスラエル人の神は、唯一絶対の人格神であった。その宗教は、神と人間との契約を根本教義とした。

◆形式論理学が確立した三つの根本原則

契約（covenant, testimony）は絶対であった。ゆえに、神は、絶対に守ることを要求した。絶対正確であることを志向していった。契約は、成立したか、成立しないか、どちらかでなければならない。

論理として肝要な「矛盾律」がこのことから出てくる。

契約は、成立したようでもあり、成立しなかったようでもあってはならない。成立したのとしないのとの中間であってもならない。成立した、成立しない以外であってもならない。

矛盾律が確立した次に、「排中律」へ向かっていった。

その前に、「同一律」がめざされる。

契約は契約である。契約以外ではない。契約の内容は正確でなければならない。人間関係も、時と所も、事情も超越していなければならない。

契約は言葉で正確に表されなければならない。できれば文書に明記されていることが望ましい。「黙示《もくじ》の契約」もあり得るようになったが、それは暗黙の言葉で明確な意思が伝達されたことを意味する。阿吽《あうん》の呼吸だとか「オレの目を見ろ、何も言うな。信用しろ!」などというのは論外である。

同一律が成立するために、契約で使われる用語の定義(definition)が要求されるようになってきた。

以下、特に断らなければ、「数学」とは、古代ギリシャに端を発する近代数学を意味することにする。また、「論理学」とは「形式論理学」(formal logic)を意味することにする。

今後、「命題」という用語を使う。

馴染みのない言葉なので驚く人もあるかもしれない。が、恐れることはない。ナニ、「文章」という意味に受け取って下さっても結構である。

「真か偽か」。すなわち「正しいか正しくないか」「成り立つか成り立たないか」、それらのいずれかであるかを判定できる文章のことを命題（proposition）という。文章が命題と判定できる条件を左に示す。

真である＝正しい＝成立する
真でない＝正しくない＝成立しない

のどちらであるかがはっきり分かる。

アリストテレスは、矛盾律、排中律を定式化した（彼の論理学的諸著作は『オルガノン』にまとめられている）。彼は、同一律も知っていた。「定義」という考え方も念頭に置いていた。

形式論理学が完璧無欠な論理学である所以《ゆえん》は、これら三つの基本原則、同一律、矛盾律、排中律を確立したからである。定義を正確に定めたからである。

同一律（the law of identity）
矛盾律（the law of contradiction）
排中律（the law of excluded middle）

この三つは、形式論理学の他の諸「論理学」では確立しているわけではない。確立にほど遠い論理学もあり、殊更《ことさら》否定している「論理学」もある。「論理」を学とは認めない思考法、そもそも関心のない人々もいる。

定義という考え方が未発達な「論理学」も多い。そもそもその概念がない思考法もある。

古代ギリシャに濫觴《らんしょう》(事始め)を発する近代数学は、形式論理学だけを証明法として使った。形式論理学と死生をともにすると言ってもよかろう。形式論理学のおかげで大躍進を遂げ、学問の手本となった。

ゆえに、近代数学に接近するには形式論理学を知るのがよろしい。いや、形式論理学は、近代数学に使う以外にも、実に多くの活用法がある。

以下、数学の論理である形式論理学について述べる。

何だか大変、堅苦しい気持ちになってくるかもしれないが、ナニ、本当は、大したことはないんですよ！　ほんのちょっとだけ我慢して下さい。

◆「食物規定」に見る論理の違い

ユダヤ教における食物規定と日本における食物規定とを比べてみると、その論理の違いはよく分かる。ユダヤ教の場合には、まず同一律がある。食べてよいものと悪いものとがはっきりと定義されている（『申命記』第一四章三〜二〇、二一〜二二）。

矛盾律もある。「食べてよい」「食べて悪い」の両規定が成立する食物はない。排中律もある。「食べてよい」と「食べて悪い」の中間の食物はない。「食べてよい」と同時に「食べて悪い」食物はない。「食べてよい」「食べて悪い」以外の食物もない。アリストテレスの形式論理学が、見事に適用されているではないか。これに比べ、我が日本ではどうか。

日本の食物規定というのは状況により、環境によりコロコロ変わる。例えば、徳川時代の食物規定でいうと、四本足は食べてはいけないと一方で言い、他方では兎《うさぎ》は一羽二羽と勘定するから食べてもいいとか、猪も山鯨と呼ばれるからいいとか、とにかく曖昧であった。

もちろん、兎と猪に限っては例外であるということが明記されているなら、それはそれで集合の論理になる。しかし、例えば、牛でも彦根牛のように、状況によっては食べてもいいなどということになれば、これは滅茶苦茶である。井伊家の彦根藩が牛の味噌漬けをいろいろな殿様に贈って、喜ばれたりしているのである。

イスラム教徒の禁忌《きんき》は豚を食するべからずということである。これも昨今、インドネシアで日本企業が化学調味料の製造過程に豚肉から抽出した成分を用いていたことが発覚し、非難を浴びたことは記憶に新しいだろう。

右に詳論したことからも明らかなように、日本人の間では、同一律、矛盾律、排中律は、一つも適用できない。食物規定だけではない。契約全般にわたって、形式論理学の基本法則は、一応完結されているのである。

①同一律……古代イスラエル人の宗教やユダヤ教は、実に精密な規定を契約の中に明記してある。例えば、契約の箱の作り方について、神殿、特に本殿の作り方については、それぞれの寸法に至るまで、日本人の想像もできないほど数字を挙げて正確に命令しているのである。

②矛盾律……絶対神は、人間と正確に契約を結んでおいて、あくまでも、契約を、「破ったか」「破らないか」を峻別《しゅんべつ》することに固執する。「破らない」(=「厳守する」)と「破る」とが同時に成立することはあり得ないのである。

例えば「十戒」。これは、神とモーセ(イスラエルの民)との間の契約である。モーセが四〇日間シナイ山の頂上で神と契約を結んでいるとき、イスラエルの民は、不敵至極にも犢《こうし》の黄金像を作って、これを彼らの神として礼拝《らいはい》した。神は、この行為は契約違反であると断じたまいて、イスラエルの民を皆殺しに処すとの判決を下したもうた。神は、契約(十戒)を守ることを命じたもうた。このとき、「守る」とともに「破る」(違反する)ということはあり得ないのである。

十戒には、「われ以外の神を崇《あが》むるべからず」という一条が厳存する。十戒を守ると同時に犢の黄金像を崇めることはあり得ないのである。犢の黄金像を崇めることは、すなわち、十戒を破ることになる。

③排中律……絶対神との契約は、守る(破らない)と守らない(破る)との間の第三の命題はあり得

ない。守ると破るの中間もなければ、守ると同時に破ることもない。守ると破るのいずれでもないこともない。まことに、峻厳《しゅんげん》きわまりない形式論理学が成立しているのである。

確かに、形式論理学はギリシャで完成された。だが、それが人間の論理として実施されたのは、絶対的唯一神の存在を確信する宗教においてであった。これらの論理学の基本原則が確立された後、契約の絶対性の系《コロラリー》として近代資本主義のために必要不可欠ないくつかの原則が古代宗教において、既に確立されていたのである。

◆曖昧なる日本の法律の論理

このような三つの根本原則を打ち立てるという業績をアリストテレスは遺したのであった。これはまさに数学の論理なのである。数学というのは、素晴らしい学問であるが、同時に理解を絶する学問でもある。だから、数学が分からないなんていうのは、恥でも何でもない。あの発明王のエジソンも、遂に学校では理解できず、家庭で母親に算数を学んだというくらいであるのだから。

この三原則に基づいて形式論理学が作られ、それが数学の起源となった。近代の学問はこのような過程を経て数学の論理に向けて収束していった。その一つが近代裁判である。

西洋諸国における法律は、初めから形式論理学を用いていたわけでもなかったが、近代資本主義に至って、法律の論理に、形式論理学を導入し始めたのである。

そこで、三原則の復習も兼ねて、説明をしていこう。

(a)彼は有罪である。

(b)彼は無罪である。

この二つの例をもとに考えてみよう。同一律は、近代欧米諸国における裁判では当然のことだが、矛盾律についても問題はあるまい。「彼は有罪である、と同時に無罪である」「彼は有罪でなく、かつ無罪でもない」なんてあるはずがない。

それでは、排中律はどうだろう。欧米の近代的刑事裁判において「有罪であるようでもあり、無罪でもあるような」場合はどうなるか。中間という考え方はなく、現実にそういう場合は無罪にしてしまう。これは刑事裁判の場合である。

民事裁判でも、「Aが勝ったようでもあり、Bが勝ったようでもある」という判決はない。勝ったか、負けたかのみに判決は限定される。だから、判決それ自身はまことに数学的なのだ。ただ、刑事の場合とはちょっと違って、いろいろな附帯《ふたい》的条件をつける。しかし、論理的には勝ったか負けたか、というだけで、その中間はない。まさに排中律の考えそのものなのである。

以上をまとめると、形式論理学によれば、判決(判断の一種である)は、勝つか負けるかのいずれかしかない。勝つと同時に負けるということもなければ(矛盾律)、勝つと負けるの中間もなければ、勝つ、負ける以外の判決もない（排中律）。

長い鎖国の末に欧米資本主義国（主として、ドイツとフランス）の法典を模倣して基礎的法典を作って近代国家として発足した日本は、このような近代資本主義国家の法律の論理の緻密さに驚いた。日本では今でも「無罪のようでもあり、有罪のようでもあり」「この裁判は勝ったようでもあり、負けたようでもあり」という判決を好む。話し合い、大岡裁《おおおかさば》きとかが歓迎され、有罪か無罪かをはっきりさせないのが良い裁判官だと言われるくらいであるから、まして当時は、このような数学的な裁判にはものすごい抵抗があったことは疑いないだろう。

明治維新期の人々はヨーロッパの裁判を見てびっくり仰天して、「こんな裁判は大嫌いだ」と言ったという。末弘厳太郎《いずたろう》博士は、ヨーロッパの法律というのは、日本の法律とはこんなに違うということを人々に分からせるために『嘘の効用』という名著を執筆した。

これが近代資本主義における裁判の論理であるが、当時の日本人の論理意識は形式論理学が使えるほどまでには進歩せず、日本独自のものがあった。川島武宜《たけよし》博士は次のように言っている。

聖徳太子が今から一三五〇年前制定された十七条憲法の第一条に「以レ和為レ貴」と示されているとおり、和を尊ぶのが我が国民性であるから、我が国において調停制度が発達するのも当然であろう、というふうに、調停の基本精神を述べており……（川島武宜『日本人の法意識』岩波新書、一九六七年、一八二頁）。

では、調停の基本精神とはどのようなものなのか。曰く、

調停の際心がけるべき要点を示す「調停いろはかるた」には、「論よりは義理と人情の話し合い」とか、「権利義務など四角にもの言わず」とか、「なまなかの法律論は抜きにして」とか「白黒を決めぬところに味がある」というような、「我国古来の淳風美俗《じゅんぷうびぞく》」の精神が盛られているのである（同右、一八三頁）。

このように、日本人は、何か紛争（もめごと）があると、裁判を起こさないで調停（和解）に持ち込むことを好むようになった。調停の精神は、右に述べたように、近代資本主義裁判の論理とは違って、形式論理学ではない。つまり、判決で勝ち負けを決めることは好まれず、黒白を決めぬところに妙味があるとされる。換言すれば、勝ち負けの中間、あるいは勝ちでもなければ負けでもないように措置されるのである。

◆法律という名の「嘘の効用」

末弘厳太郎博士は法律における嘘の効用について、次のように述べている。

「法律」は厳格で動かすことができなかった。法を動かして人情に適合することは不可能であった。そこで、……「事実」を動かすことを考えたのです。……唯一の手段は「嘘」です。あった「事実」をなかったと言い、なかった「事実」をあったと言うより他に方法はないのです（末弘前掲『嘘の効用（上）』三二頁）。

このエッセンスで分かったと思うが、もう少し引用を続けよう。

ところが、それほど「公平」好きな人間でも、もしも「法律」の物差しが少しも伸縮しない絶対的固定的なものであったとすれば、必ずやまた不平を唱えるに決まっています。……従って、一見極めて矛盾した我がまま勝手なことを要求するものだと言わねばなりませぬ。……法律は、その「矛盾」した「我がまま勝手」な要求を充たし得るものでなければなりませぬ。なぜなれば、我々は空想的な「理想国」の法を考えるのではなくて、現実の人間世界の法律を考えるのですから（同右、四七〜四八頁）。

そこで、嘘が必要となり、嘘の効用が発揮されることになる。では、「嘘」とは何か。川島武宜氏は答える。英語の lie やフランス語の mensonge などとは違ってそれは、

「事実に反するということを知っている者が、そのことを知らない相手にそれを事実として述べてだます行為」を意味するのではなく、次のことを意味するのである。すなわち、社会の現実の必要に鑑みると、法律上の定めを厳格に文字どおり守るわけにはいかないので、法律のことばの意味を操作して、あたかも法律を条文の言葉どおりに守ったかのごとき外形をつくる行為を、この「嘘」という言葉は意味しているのである(同右、解題ii頁)。

3 数学の論理への誘い

今、名前の出てきた同一律、矛盾律、排中律を、自家薬籠中《じかやくろうちゅう》のものにしてしまって下さい。

◆形式論理学は近代数学の「華」

何のことはない。

①同一律(the law of identity)とは、

Aはである

という法則である。

神は神である。私は私である。日本は日本である。例えば、「私は私である」で十分であるが、「私は、あくまで、私である」なんていう修飾語を入れると意味がはっきりするのかもしれない。

②矛盾律(the law of contradiction)とは、

(a) AはBである
(b) AはBでない

という二つの命題(文章)があるとき、(a)、(b)両方とも真である(正しい、成立する)ことはない。また、(a)、(b)両方とも偽である(正しくない、成立しない)こともない。この法則のことを矛盾律と言う。例えば、

(a)猫は動物である
(b)猫は動物でない

という この二つの命題(文章)は、必ず一方だけが真で(正しく、成立し)、他方は偽(正しくない、成立しない)である。

矛盾律は、数学で、縦横無尽の大活躍をし、大活動をする。数学以外でも大演技の舞台は多い。形式論理学の華である。

③排中律(the law of excluded middle)は、矛盾律の続きである。

(a)AはBである
(b)AはBでない(Aは非Bである)

(a)、(b)二つの命題(文章)のうち、必ず一方だけが成立し、他方は成立しない。ここまでが矛盾律である。

が、その先の法則もあるのである。曰く、

(a)(b)以外にない

これが排中律である。(a)、(b)の中間はないというのだから排中律。

「AはBと非Bの中間である」「AはBでもあり、同時に非Bでもある」「Aは、Bと非B以外である」。

これらの命題(文章)は、どれも成立しない。「みんな正しくない。みんな偽である」として排斥《はいせき》するのが排中律なのである。

さて以上、形式論理学のエッセンスを説明し尽くした。

これで全部! That's all. There is nothing more than this!!

これだけで形式論理学の蘊奥《うんのう》(奥義)を極めたことになる。「あと言うことは無い!」なんて言ってみたところで、形式論理学が何だかいまだしっくりとこない人が多かろう。

大概の人にとって、形式論理学とは、本来そのようなものである。それであればこそ、古来、論理を標榜《ひょうぼう》する(公然と掲げる)法律家ですら、形式論理学のあまりにも厳密な証明法に怖《お》じ気《け》を震《ふる》って法律と名のつく「嘘の世界」に逃げ出しているほどではないか。

形式論理学とは、簡明であるから頭に入りやすいとも限らないのである。逆に、簡明であるから、かえって頭に入りにくい、自由自在には使いこなせないということもあり得るのである。

◆論理学とは何か

形式論理学を駆使できるようにするためには、定義をしっかり下し、同一律、矛盾律、排中律を囊中《のうちゅう》（袋の中）に収め切ることである。

ちょっと詳しく述べてみよう。

①同一律（the law of identity）

「私は私である」「オレはあくまでオレである」「日本人は、何といっても日本人にすぎない」。

「AはAである」という命題（文章）は、表し方はいろいろあるが、結局、当たり前のことで、同語反復（tautology）にすぎないことではないか。言う必要のないことを、殊更《ことさら》言い立てているのではないか。そんな気がしてくる人もいるかもしれない。

しかし、そうではない。正しく考え、正しい議論をするためには、初めに、同一律をしっかりと踏まえておく必要がある。

古代ギリシャのソフィスト(sophist)は、同一律をねじ曲げて使って相手を混乱させた。同一律を誤って用いて詭弁《きべん》術を弄《ろう》した。そのために、ソフィズム(sophism)とは詭弁術という意味になってしまった。

同一律を正しく使うためには、定義(definition)を一義的に(uniquely, eindeutlich)下しておかなければならない。言葉(概念)の定義を一義的に下したら、同一の議論の途中でこれを変えてはならない。同一の意味で用いられなければならない。

「いぬ」という概念には、(動物の)犬、スパイ、手下などの意味がある。

例　彼はアメリカのいぬ(犬)である。
いぬは動物である。
ゆえに、彼は動物である。

この推理は誤りである。「いぬ」という言葉(概念)を二つの命題(文章)で、違った意味に用いているからである。

同一の議論の中で、同じ言葉(概念)を二義的に(dichotomous　二つの意味に)用いると、誤った推論に導かれる。

古代イスラエル人の宗教や古代ユダヤ教は、一義的な定義として、実に精密な規定を契約の中に明記してある。例えば、神に奉納物を捧げる際の作法や決まりがきちんと書かれている。あるいは聖書の幕屋《まくや》の作り方については、正確な寸法の数字等々を挙げて説明しているのである(例：『出エジプト記』第二六章一～三六など。詳しくは、拙著『日本人のための宗教原論』徳間書店、二〇〇〇年、一一五～一一六頁参照)。

日本人の想像も及ぶところではない。姦淫《かんいん》するなという命令に関しても、セックスをしてならない相手が正確に列挙してある(例：『レビ記』第一八章二一など)。旧約聖書のこの箇所を読んだ日本人は驚く。こんなせせこましい神様、聞いたことないとまで言った人もいた。せせこましいのではない。これが同一律の主旨なのである。

②矛盾律(the law of contradiction)

矛盾律を定式化したのはアリストテレスである。その他の諸「論理学」においては、矛盾律もどきに接近したものもあったが、到達して矛盾律まで至ったものはなかった。

◆韓非子の「矛盾」とアリストテレスの「矛盾」は矛盾する

中国の「論理学」も春秋戦国時代（前七七〇～前二二一年）には、絢爛豪華《けんらんごうか》な発展を遂げたが、形式論理学のような完成を遂げなかった。

「矛盾」という言葉を作ったのも、中国最高の論理学者・韓非子《かんぴし》である。

あるとき、韓非子のところへ楚《そ》の国の人が来て、「自分の矛はどんな盾をも破ることができ（命題A）、また、自分の盾はどんな矛でも防ぐことができる（命題B）」と誇っていた。このうえなく見事な矛と盾かと思いきや？　韓非子は笑って反論して、「その矛でその盾を突いたならどうなるのか。貫けるのか貫けないのか」と言った。件《くだん》の矛と盾を持ってきた人は答えられなかった。

これが、「矛盾」という言葉（概念）の起こりである。

これをはじめとして、中国の論理学でも、人々は、矛盾という言葉を使うようになった。これに倣って、日本人も、矛盾、矛盾撞着《どうちゃく》なんていう言葉を使うようになった。

しかし、この「矛盾」は、アリストテレス流形式論理学の矛盾（contradiction）と同じことだろうか？

韓非子の矛盾とアリストテレスの矛盾。同じか違うか。ここが論理学理解の関門である。完全に分かるまで、自分の頭でよく考えよ！

十分によく、とっくりと考えていただきたいところではある。が、先を急ぐ。仕方がない答えてしまおう。昔なら、きちんと紙に書いて、虎の絵を描き添えて、桐の箱に入れてすごく勿体《もったい》ぶって、手渡すところではある。

今はそうはしないが、軽々しくは読まないように。

この矛はどんな盾でも貫く…………命題A
この盾はどんな矛でも貫けない……命題B

命題（文章）Aと命題Bとが、両方とも真（正しい、成り立つ）であることはあり得ない。韓非子の言うとおりである。

しかし、命題Aも命題Bも、両方とも偽（正しくない、成立しない）であることは、あり得るか？あり得ないか？　よく考えてみて下さい。あなた自身で。

両方とも偽（正しくない、成立しない）であることはあり得るではありませんか！

例えば、矛は鈍《なまくら》でどんな盾をも貫くというわけにはいかない。盾も鈍《なまくら》でどんな矛でも貫けないというわけにはいかない。

どうです。

問題　命題Aと命題Bの片一方が真（正しい、成立する）であり、他方が偽（正しくない、成立しない）であることは、あるか、ないか？

二つの命題（文章）があって、両方とも真であることはあり得ない。しかし、両方とも偽であることはあり得る。このとき、両命題は、反対（contrariety）という。

形式論理学は、反対と矛盾（contradiction）とを区別する。

中国の韓非子の「論理学」では、「反対」をも「矛盾」と呼んで区別しない。形式論理学では、「反対」と「矛盾」とを区別しないことによって混乱を生ずると警告を発している。

問題 次の二つの命題（文章）は、矛盾か、反対か？

(1) A 犬は動物である。

B 犬は動物でない。

答 矛盾である。

A、B両命題はともに真（正しい、成立する）であることはできない。また、ともに偽（正しくない、成立しない）であることもできない。

(2) A 今ここは寒い。

B　今ここは暑い。

答　反対である。

A、B両命題はともに真であることができない。が、A、B両命題はともに偽であることはできる。「今ここは適温である」ときは寒くもなく暑くもないから、A、B両命題はともに偽である。

(3)　ある学校の生徒について評価する――その一

今、同一律は成立して、「優等生」とは正確に定義されているとする。

A　すべての生徒は優等生である。

B　すべての生徒は優等生でない。

答　反対である。

A、B両命題が両方とも真であることはあり得ない。しかし、A、B両命題が両方とも偽であることがあり得る。

(4)　生徒についての評価――その二

A　すべての生徒は優等生である。
B　ある生徒は優等生ではない。
答　矛盾である。

数学は絶対に矛盾を許さない。たった一つの矛盾でも発見されれば、論理はそこで止まる。そこから先は一歩も前進を許さない。

この矛盾絶対禁止の大原則が数学に天を突く生産力を与えた。

この矛盾絶対禁止の大原則が、数学に背理法(reductio ad absurdum　帰謬法《きびゅうほう》)という絶大な威力を持つ研究法を与えた。

いや、背理法は数学だけでなく、哲学にも、討論術としても、実に有力な方法として用いられるようになった。これらの事柄は、特に重要であるので、第4章でまとめて述べる。

しかし、やはり、何と言っても、口を極めて特筆すべきは、数学における大活躍である。

ピタゴラス学派は、古代ギリシャにおいて、既に背理法によって$\sqrt{2}$が有理数でないことを簡明に証明して、人々を感服させた。

それ以来、背理法は、随所に力のほどを顕し続けてきたが、一九世紀に至って、数学に革命を起こしたのであった。

ニコライ・ロバチェフスキー(非ユークリッド幾何学の創始者。一七九二～一八五六年)の業績は、数学革命としか言いようがない。いや、まさしく、科学革命と呼ぶのにふさわしい一大革命であった。ロバチェフスキーこそ、数学、いや科学のコペルニクスと呼ぶべきか。数学・科学の研究法が一変したのであった。

この数学革命・科学革命が近代資本主義と近代デモクラシーを生むことになった。

数学も科学も、それまでは、客観的に存在する真理を学者が発見するという立場で研究されていた。ユークリッドの『幾何学原論』が模範であり、自明な(self-evident)公理から、形式論理学だけを用いて定理を導き出す方法が学問の理想であると見なされてきていた。

その公理からの論理である演繹《えんえき》法は、あまりにも見事であったので、学者は誰でも、これこそ完全な理論であるとして完全理論(complete theory)と呼んだ。

◆ロバチェフスキー「革命」の本質

しかしロバチェフスキーは、このイデオロギー(確固たる学問教と呼んでもよい!)に、真っ向から挑戦して、このイデオロギーを転覆させたのであった。

ロバチェフスキーが、背理法を用いて非ユークリッド幾何学を建設して以来、自明な真理であると見なされてきた公理(the axiom)は、仮定(a hypothesis)にすぎなくなった。学者の任務は、真理の発見ではなく、仮定を要請する(postulate)ことになった。

ユークリッド空間それ自身、確固不動に絶対的に存在するただ一つの空間ではなくて、学者が要請した一つの模型《モデル》としての空間にすぎないものとなった。

つまり、ロバチェフスキー革命によって、数学者、科学者は、真理発見者を辞めて、模型構築者(model builder)に変身したのであった。

伝統主義(Traditionalismus, traditionalism)は、一気に打倒されて、近代資本主義、近代デモクラシーへの道は開かれた。

ロバチェフスキー革命はあまりにも画期的であるので、第4章で筆硯《ひっけん》を新たにして論じたい。

ここで心にとどめておくべきことは、この大革命が背理法(reductio ad absurdum)によって成し遂げられたことである。矛盾律の功績にほかならないことである。

③排中律(the law of excluded middle)

絶対神との契約は、守る(破らない)と守らない(破る)との間の第三の命題はあり得ない。守ると破るの中間もなければ、守ると同時に破ることもない。守ると破るのいずれでもないこともない。まことに、峻厳《しゅんげん》きわまりない形式論理学が成立しているのである。

既に要約しておいたが、排中律の公式について、念のためにもう一度まとめて、説明を追加しておきたい。

二つの矛盾する命題のうち、恒《つね》に一つの判断（命題）は成立し（真であり）、他の判断（命題）は成立しない（偽である）。

ここまでは矛盾律であるが、その他に第三の判断（命題）は存在しないことを述べている。

ここからは「命題＝判断」と理解してもらいたい。

第三の命題がないとは、成立する（真である）のでもなく成立しない（偽である）でもない命題はない。また、成立する（真である）と同時に成立しない（偽である）命題もない。成立するのと成立しないとの中間の命題はない。このことを言っているのである。

アリストテレスの形式論理学は、排中律を確立した。数学は排中律を厳守しなければならない。例外は認められない。

論理学を尊重することを看板とする諸学問も、やはり、排中律は厳守しなければならないはずではある。

例えば、法律学ではどうか。

「彼は有罪である」と矛盾する命題は、「彼は無罪である」という命題である。近代欧米の法律では、排中律は厳重に守られねばならないことになっている。

「彼は有罪である、と同時に無罪である」「彼は有罪ではなく、かつ無罪でもない」という判断（命題）は、論理上、あり得ないはずである。如何にも、近代欧米諸国における裁判においては、このようなことはあり得ない。

しかし、例えば日本のように、その法意識において十分に近代化され切っていない国においては、必ずしもこのような「論理」は通用してはいないようである。いや、通用することが好まれないようである。

長い鎖国の末に欧米資本主義国(主として、ドイツとフランス)の法典を真似て基礎的法典(憲法、民法、商法、刑法、民事訴訟法、刑事訴訟法)を作って近代国家として発足した日本は、近代資本主義国家の法律の論理の緻密さに驚いた。近代資本主義国の法律は、論理としてアリストテレスの形式論理学を用いているのである。西洋諸国における法律も、初めから形式論理学を用いていたわけではなかったが、近代資本主義に至って、法律の論理に、形式論理学(formal logic)に進化していったのである。

形式論理学によれば、判決(判断の一種である)は、勝つか負けるか(刑事判決ならば、検事が勝つ[有罪]か負ける[無罪]か)のいずれしかない。勝つと同時に負けるということもなければ(矛盾律)、勝つと負けるの中間もなければ、勝つ、負ける以外の判決もない(排中律)のである。

最後に繰り返しておこう。形式論理学とは、以下の三つが極意である。

同一律　AはAである。
矛盾律　AはBである。AはBでない。
これら二つの命題が成立することはできない。ともに成立しないこともできない。
排中律　矛盾の中間はない。

◆すべて（全称命題）と一部《ある》（特称命題）の違い

判断（命題）の否定の仕方について、特に大切なコメントを一つ。判断には、全称命題（universal proposition）と特称命題（particular proposition）とがある。

全称命題とは、すべてに関する命題である。次の例をご覧いただきたい。

すべてのカラス（烏）は黒い。

全称命題は、一つの否定的な例（反例　counter example）によって論破される。例えば、一羽でも黒くないカラスが存在することが発見されれば「すべてのカラスは黒い」という全称命題は否定される（論破される）。カラスを一羽残らず調べて、黒くないカラスが一羽もいないことまで示す必要はない。すなわち、「すべてのカラスは黒い」という全称命題の否定は、「あるカラスは黒くない」という特称命題である。全称命題の否定は特称命題なのである。

逆に、「あるカラスは黒い」という特称命題の否定は、「あるカラスは黒くない」という特称命題ではない。「すべてのカラスは黒くない」という全称命題である。カラスを一羽残らず調べ尽くして、一羽も黒いカラスがいないことを示さなければならない。

このように、全称命題は特称命題で否定し、特称命題は全称命題で否定するというのが論理のルールである。

数学の定理は全称命題の形をとることが普通である。「二等辺三角形の二角は等しい」という定理は、「すべての二等辺三角形の二角は等しい」ということであって、一個の例外もないことを示す。一個でも例外があれば、たちどころにこの定理は論破されてしまって成立しないことが証明される。数学の定理は、このように厳格に論理を守り通す。

ところが、これほどの厳格な論理の守り方は、数学の特徴であって、法律(特に我が国)は、実は、論理にあまり忠実でないことを特徴としている。

"There is no rule without exceptions."(例外のない規則はない)という英語の格言にもあるとおり、英米先進国の法律でさえも実は例外から自由ではない。この「例外から自由ではない」という論理の埒外《らちがい》への逸脱が、我が国の法律において、特に著しいことは、つとに指摘されている(川島前掲『日本人の法意識』、末弘厳太郎《いずたろう》『民法雑記帳』日本評論新社、一九五三年)。

論理を守ることを建前とする法律学でさえ、かくのごとしである。そのためかどうか、この観点から見ると、法律学は急速に進歩しているとはいえない。

例えば、ローマ法から近代法までどれほどの進歩が見られるか。ローマ時代の数学と現代数学とを比べて、進歩の落差に注意してみるとよく分かる（参考：カント『純粋理性批判』序文）。法律学と違い、あくまで論理を立て通したからこそ、数学は独自の発展の路線に乗ったのである。

そこで、練習問題として、例一、例二を否定してもらいたい。

例1　すべての猫は動物である。
例2　すべての人は死ぬ。

答　**例1**　ある猫は動物ではない。
　　例2　ある人は死なない。

復習のための練習問題。

問題　命題A「すべての生徒は優等生である」を否定せよ。

答　「ある生徒は優等生ではない」
「すべての生徒は優等生ではない」は右命題Aの否定ではない。

復習　全称命題(universal proposition)の否定は特称命題(particular proposition)であり、特称命題の否定は全称命題である。

◆形式論理学には昇華しなかった中国の論理

古代イスラエル人の宗教が発達を始めた時代は、ヘレニズム社会において、アリストテレスの形式論理学や、それによって幾何学を作り上げたユークリッドの『幾何学原論』が誕生するよりもずっと古い。しかも、古代イスラエル人の宗教がギリシャ文明の影響を受けることは少なかった。それにもかかわらず、古代イスラエル人の宗教が生み出す論理が形式論理学と同じ軌跡をたどっていったのはなぜか？　我々はここに、世界精神の登場を感じる。

一神教的絶対神と人間との契約という概念が精密な論理学の発達を必要としたからである。この契約を守ることが、救済のための条件(必要かつ十分な条件)なのである。ゆえに、契約は、守ったか、守らなかったかが、明確に決められなければならない。曖昧であっては困るのである。

一神教的絶対神と人間との契約が、古代イスラエル人の宗教の根本教義となったために、正確綿密な論理学を発芽させ、育成させていった。一神教的絶対神ヤハウェは、妬《ねた》む神である。人間が神との契約を守らなければ、怒り、とち狂い、あるいは人間を皆殺しにしかねない。

神の代理人たる預言者の重大な任務の一つは、この神の怒りから人間を擁護し、人間が神によって守られるようにすることである。ヤハウェ神は、もともと、人間の契約違反を許さず容赦なく皆殺しにする神である。ノアの大洪水を見よ、ソドムとゴモラを見よ。神に、そうはさせないことが、預言者の任務の一つであるから、論争の技術として弁護術が発達した。

この点では、法廷における論争の技術として発達したギリシャ論理学と同様である。神との論争において、人間、あるいは人間の弁護人たる預言者が神に勝つこともあり得る。神が人間を契約違反の廉《かど》で攻め立ててきたとき、神との論争に勝って神の説得に成功しなければ、人間は皆殺しにされる。人間にとっては、生命がけの論争なのである。

確かに古代インドの宗教論争において、負けたほうが殺されることもあった。しかし、これも、論争そのものは、大宗教家と大宗教家との論争とはいえ、やはり人間同士の論争である。しかも、このような論争があったからこそ、古代インドにおいて論理学がどれほど進歩したかは分からない。古代イスラエル人の宗教においては、最高絶対神と人間との論争である。この生命がけの熾烈きわまりない論争が、論理学を極限へ向けて発達させていった。

神と人間との論争。生命を懸けての論争。

おそらく、日本人の理解の埒外《らちがい》にあるだろう。日本人とは比べものにならないくらい論理に親しみのある韓国人・朝鮮人や中国人でさえも、既に論じたように形式論理学にはアレルギッシュであった。古代中国においては、前述したように、雄弁によって目も眩《くら》むほどに出世した者は多く現れたし、君主を論破し説得すれば、首相に任じられることも十分にあり得た。日本で弁の立つ者が武将に大抜擢されたという例は寡聞《かぶん》にして知らない。

しかも、これもあくまでも、人間相手の論争である。成否は人間の説得にかかっている。ゆえに、「論理」説得術の要は、揣摩《しま》・憶測にある。相手の気持ちの推定・忖度《そんたく》にある。中国的論理学の完成者たる韓非子も説いているではないか。

論理の極意は、相手(君主、権力者)が、内心で何を欲しているかを見抜くことである。そして、それを、相手が受け入れやすい形で伝えることである。ゆえに、相手の言っていることを、コテンパンにやっつけて退路を断つことなど、もってのほかである。

我々は、春秋戦国時代の論客の論旨が如何に雄大で、緻密で、絢爛《けんらん》豪華であるかに驚く。巨大な芸術作品であるとさえ言えよう。それであればこそ、司馬遷(太史公)も、『史記』の中に膨大な紙《し》幅《ふく》(竹幅か?)を割いてこれらを掲載しているのであろう。

しかし、論理の極意が、揣摩にあり忖度にあり、相手が内心で欲することを受け入れやすい形で述べることにある限り、客観的に正しいか正しくないかは、究極的には問題となり得ない。ギリシャの論理学とは違って、誰でも、究極的には正しいと認めざるを得ないことを相手に押しつけることではない。論理は無理矢理にも、相手に押しつける方法とはなり得ないのである。

これが、中国の論理学が、形式論理学にまで昇華し得なかった理由である。中国の数学の論理を再編し得なかった理由である。この点に関する限り、古代イスラエル人の論理的指向(logical orientation)は、ギリシャ人のそれすら上回るものがあった。

第3章

数学と近代資本主義

数学の論理から資本主義は育った

1 数学と資本主義の精神

マクス・ヴェーバーは、近代資本主義を生むのは目的合理性(Zweckrationalität)の論理であると言った。目的合理性の神髄は形式合理性である。形式合理性とは、数学のように計算ができること(Rechenbarkeit)を言う。

数学、特に計算ができることが近代資本主義を生んだとも言えよう。

ヴェーバーは、計算可能の例として、複式簿記(double entry accounting)、近代法、資本主義市場、物理学を代表とする近代科学を挙げている。

いずれも近代資本主義の所産であり、数学の論理が縦横に活躍している。

◆宋代、商業が隆盛をきわめたが……

ヴェーバーの研究によると、古代エジプト、古代メソポタミア、ヘレニズム、古代ローマ、サラセン帝国、中世イタリア、中世末の南ドイツ、古代中国、古代インドなど、技術も、資金の蓄積も十分に高く、商業も十分に発達し、資本主義の一歩手前まで行っていた経済も多かった。だが遂に、近代資本主義は発生しなかった。

特に、中世中国においては、

宋代(九六〇～一二七九年)以後、清朝(一六一六～一九一二年)の中期に至るまで、中国の経済は大運河時代とも言うべく、人口は大運河の沿線に集中して、厖大《ぼうだい》な商業都市が発達した。国内の交流は大運河を幹線とし、これに交わる自然河川が支線となって、全国的な交通網を形成した(宮崎市定《いちさだ》『中国史(下)』岩波全書、一九七八年、三一五頁)。

イギリスにおいても、「大運河」時代の到来は、近代資本主義が殷賑《いんしん》をきわめ、産業革命直前の一八世紀後半であったことを思い出しておくべきであろう。宋代の中国は、工業技術においても資金蓄積においても、商業の発達においても、いつ資本主義に移行してもおかしくはなかった。

事実宋代の社会は農村の隅々に至るまでが、貨幣経済の渦中に捲《ま》きこまれていた(同右、三一六頁)。

前期的資本は極度に発達していたのであった。

しかし、近代資本主義は発生しなかった。資本主義の精神（der Geist des Kapitalismus）が欠如していたからである。

資本主義の精神の要目は、目的合理的精神、特に形式合理的精神にある。すなわち、数学の精神にある。形式論理学の精神にある。

中国の数学は古代から高度に発達したが、ユークリッドの『幾何学原論』のように形式論理学と結合することはなかった。そのためか、中国においては目的合理的精神が発達することもなかった。わが国においては、数学の思想が目的合理的精神を育むことはなかった。

西洋社会においては、キリスト教が、形式論理学・数学的精神を育む上で如何に重要な役割を演じたか、第1章で詳しく論じた。この数学的精神が資本主義の精神の要目となったことも指摘した。

◆聖徳太子の思想と日本人の数学的精神

日本社会において、古来、支配的影響力を及ぼしてきたのはキリスト教ではなく仏教である。では、仏教の影響力は、数学的精神を育む上で、どんな役割を演じたか。数学的精神は、はたして資本主義の精神の要目となり得たか？　次にこのことについて論じたい。

日本の思想、特に後年の数学的精神、資本主義の精神に決定的影響力を及ぼすことになるのは、聖徳太子（五七四〜六二二年）である。

こう言うと、「それは意外だ」という顔をする人があるかもしれないが、究極的に物事を突き詰めるとなると、聖徳太子の思想まで遡行《そこう》（さかのぼる）するべきであると思われる。

聖徳太子といえば、十七条の憲法、冠位十二階の制定、遣隋使の派遣などで知られる。十七条の憲法の第一条に「以レ和為レ貴」（和を以《もっ》て貴《とうとし》と為す）と示されていることはよく知られているが、第二条に「篤敬二三寶一」（篤く三宝を敬え）と記されてあることも重要である。

三宝とは、「仏、法、僧」、つまり、仏と法《ダルマ》と僧侶のことであって、仏教の中心的存在である。日本人の聖徳太子信奉は今も根強いものがあるが、当時からそうであって、太子の力によって仏教は日本各地に急速に広まっていった。

聖徳太子は、膨大な仏教のお経の中でも、特に法華経と維摩経《ゆいまきょう》と勝鬘経《しょうまんぎょう》とを重んじる。太子の主著は、法華義疏《ぎしょ》、維摩経義疏、勝鬘経義疏の三著である。義疏とは、注疏《ちゅうそ》、すなわち詳しい説明と注釈という意味である。

啓典宗教（revealed religion　ユダヤ教、キリスト教、イスラム教）とは違って、正典（canon）がない仏教には、汗牛充棟《かんぎゅうじゅうとう》（ひどく多い）どころではない、貨車でも引き切れないほどのお経がある。

これまた啓典宗教とはまるで違って、初めに「如是我聞《にょぜがもん》」（私はこのように釈迦牟尼《むに》から聞いた）とさえ書けば誰でも自由にお経が作れるのである（小室前掲『日本人のための宗教原論』一九九〜二〇二頁参照)。それゆえに、どのお経をどのように重んずるかが決定的に重要なのである。

維摩経は法華経の絶好の入門書ともいわれ、また、中国人も日本人も、特に際立って好むお経でもある。古代インド人には無視する高僧もいた。

◆数学的思考を否定した「空」の思想

釈迦は、こういう修行をすれば必ず確実に悟りをひらけるという教えを垂れてはいる。が、このことを「数学の論理」でいうと、その修行をすることは「十分条件」であって「必要条件」ではない(第4章参照)。

というのは、独覚《どっかく》(縁覚《えんがく》)といって、何の修行もしなくても、あっという間に煩悩《ぼんのう》を払い、悟りをひらく人もいるからである。

その一番良い例が、「維摩経」というお経の主人公維摩居士《ゆいまこじ》(維摩詰《ゆいまきつ》[Vimalakirti])である。

古代インドの毘舎離《びしゃり》の富豪で、どんな修行をしたなどとは一切書いてない。どれだけの善行を積んだとも書いてない。釈迦を尊敬はしているが、サンガ(釈迦の教団)の一員ではない。釈迦の十大弟子とは違って、誘惑されたことを否定しもしない。悪魔が維摩を誘惑しようと企《たくら》み、絶世の美女たちを、いわゆる魔女たちなのだが、送り込んだところ、維摩は、全員、妾にしてしまった。

悟りをひらいた以上は、そんなことは平気の平左《へいざ》であり、むしろ、そういう行動などに左右されるようでは悟りとは呼べないのである。

「維摩経」に、維摩が病気になったときの逸話が紹介されている。

あるとき、維摩が病の床に臥《ふ》したことを聞きつけて、釈迦は十大弟子と呼ばれている十人の高弟に、お見舞いに行きなさいと言いつけた。ところが十人が十人とも、「私は行けません」と断った。何で嫌なのかと聴いてみると、「私は維摩居士にさんざん言い負かされて、お前の悟りなんて偽物だ」と言われたからお見舞いには行きたくございませんと告白した。

仏教では、救済（悟りをひらく）のための修行を重視する。その修行を最高に積んだ十大弟子ですら、悟りのひらき方では、修行なんか無視する維摩に及ばないのである！

このエピソードだけからでも、維摩経の内容、生半可なものでないことは想像がつく。

維摩経は実は、仏教の最奥《さいおう》部にある「空《くう》」の思想を、多くの喩《たと》え話で解説しているのである。ストーリーは、すごく面白いから、中国でも、朝鮮でも、人々に好まれた。

「空」の思想の数学の精神に対する影響力は何か？　形式論理学を否定することである。

キリスト教は、ヘレニズムを通過するときにギリシャ思想の洗礼を受け、実在論とアリストテレスの形式論理学を根強く受け継いだ。

仏教は実在論を否定しすべては仮であるとする。ナーガセーナ（昔、インド北部を支配していたミリンダ王に招かれ、論争をしたインドの大哲学者）は形式論理学を否定し、「空」の思想を展開した。

「空」とは何か。「空」は有でもなければ無でもない。同時に、有でもあり無でもある。また、有と無と以外のものでもある。有と無とを超えて統合したところにあるといわれる所以《ゆえん》である。

これで見ると、「空」は、矛盾律、排中律を無視していることが分かる。また、「空」の一義的な定義は拒否されているのであるから、同一律も無視されている。形式論理学の真向からの否定は、キリスト教徒にとっては驚きであった。

戦国時代の末期、日本へやってきたキリスト教の宣教師が、仏教僧が仏像に礼拝《らいはい》しているのを見て、昂然《こうぜん》として言った。「仏像など塵芥《ちりあくた》にすぎないではないか」（もちろん、キリスト教徒は、偶像破壊論者である）。

仏教僧は悠然として答え曰《のたま》った。

「仏もまた然《しか》り」（仏様だって、やはり同じく塵芥にすぎない）。

宣教師はキリスト教徒だから、頭から、偶像崇拝は悪いと決め込んでいる。ところがこの仏教僧は、仏像だけでなく仏様も塵芥にすぎないと一喝を喰《くら》わせたのである。

「神はあるか」と問われれば、形式論理学で答えれば、「ある」と「ない（あるのではない）」の二つのいずれかしかあり得ない。

「神はある」と答えなければユダヤ教やキリスト教やイスラム教の信者にはなれない。「神はない」と答えれば無神論者になってしまう。

しかし、形式論理学を無視する仏教徒は、こうは考えない。「仏はない」「仏なんかあるものか」「仏なんか塵芥にすぎない」と答えても、立派に仏教徒であり得る。

仏教徒は、形式論理学を否定する。ゆえに、同一律、矛盾律、排中律を無視する。「仏はある」「仏はない」「仏はある、と同時に、ない」「仏は、あるのでもなければ、ないのでもない」。

形式論理学であれば、右の四つの命題（文章）のうち、成立するのは、「仏はある」「仏はない」のいずれか一つだけである。そのとき、他の三つの命題（文章）はいずれも成立しない。

が、形式論理学を否定すれば、そうとも言えまい。右の四つの命題（文章）のうち、二つ以上が成立することもあり得るのである。これが、形式論理学と空観《くうがん》（空の思想）との対比である。両者はこのように違う。

が、古来、日本人は、論理学的に対比しながら理解していたわけではない。仏の存在を問題にした人は一人もいなかった。このことについて議論をした人もいなかった。

が、空観（空の思想）は、よほど気に入ったと見えて、比喩や歌で述べた人は多くいた。

江戸前期の臨済僧である至道無難《しどうぶなん》（一六〇三～七六年）は、

草も木も　国土もさらに　なかりけり
ほとけという も　なおなかりけり

という有名な歌を詠んでいる。

祖師の一人である仏教僧が、「空」を説明して人を教え導くために「仏はいない」という歌を詠んでいるのである。

破天荒の秀才といわれた法然（浄土宗の開祖、一一三三〜一二一二年）は、どんなに仏法を学んでもどうしても納得することができず、栄西（臨済宗を中国から伝えた禅僧、一一四一〜一二一五年）に仏について質問した。栄西は答えて曰く、「仏などいない。いるのは狸と狐ばかりなり」。

「仏教徒が無仏論者である」とは、キリスト教徒としては信じられないことかもしれない。しかし、形式論理学を否定するならば、一向に差し支えない。

2 資本主義的私的所有権の絶対性と抽象性

◆資本主義の根本は私的所有権である

数学の論理の不在、形式論理学の不在は、資本主義の精神と近代デモクラシーに根幹的欠落を与えることになった。

近代資本主義の根本は「私的所有権」である。なお、以下、特に断らなければ、所有権とは、近代資本主義における私的所有権を意味することにする。それ以外の所有権に言及する場合には、前後の文脈から意味が明白な場合を除いて、いちいち断ることにする。

さて、この近代資本主義における私的所有権であるが、それは左の特徴を持つ。

(1)**絶対性**(absoluteness)

(2)**抽象性**(abstractness)

この二つさえ理解すれば、近代資本主義のエッセンスはそれで全部である。しかも、これら二つは近代資本主義だけが持っている歴史的特徴である。その他の諸経済は持ってはいない。広く深く説明するために、古今東西の歴史を渉猟《しょうりょう》した。煩《わずら》わしいと感じられる方は、任意に流し読みされたい。

すなわち、その歴史的特質は、

(1)私的所有権は、所有物に対する全包括的・絶対的な支配権であること、

(2)私的所有権の存在は、観念的・論理的に決定される。

所有物に対する全包括的・絶対的な支配権とは、所有者は所有物について、どのようなことをも

なし得るということである。

民法は、このことを、「所有者ハ、……自由ニ其《その》所有物ノ使用、収益及ヒ処分ヲ為ス権利ヲ有ス」という言葉で表現しており(二〇六条)、外国の民法典も類似の言葉で同じ趣旨を表現している(例えば、フランス民法第五五四条、ドイツ民法九〇三条等)。所有者は、その所有物を使用してても使用しなくてもよいし、破壊してもよいし、またこれを処分(譲渡したり、担保に入れたり)してもよい――要するに、所有物についてどのような行為をも「なし得る」(どのような行為でも、法律上正当視され、「法律=裁判上の保護を受ける」という意味)――というのである(川島前掲『日本人の法意識』六四頁)。

◆資本主義における所有の絶対性は数学化される

近代資本主義における所有権は、近代国家における主権に喩《たと》えられる。主権(sovereignty)は絶対である。財産や生命や権力を全く自由に使用し、自由に処分でき、何者の拘束をも受けない。

主権は、近代国家に現れてくるのであって、近代以前の国家に主権はない。王でも、王権は絶対ではなかった。上は法王の権威に服し、下からは国内の大諸侯の制約を受けた。

これと同じように、資本主義以前の経済における所有権は絶対ではない。多くの制約を受け、使用、収益、処分は自由ではない。所有者だから何をやっても勝手であるという具合にはいかないのである。

資本主義における所有者の良い例としては、かのハワード・ヒューズ(一九〇五〜七六年)が一番よく分かる。

彼の父は、鑿岩機《さくがんき》会社で大成功したが、彼が一八歳のときに、繁栄している会社を残して死んだ。

ハワードは、鑿岩機会社を売り払って映画会社を作ることにした。

親族一同、映画会社などという水商売を始めるなんて何たる若旦那の暴挙かと大反対を唱えて、辞めさせようとし、親権を発動し、裁判を起こした。

判決は?

さすがアメリカは資本主義。所有者が遺産をどう使おうと勝手だという理由で、ハワードが勝つという判決が下った。

資本主義における資本家(資本の所有者)が決定の責任と危険《リスク》を負う。所有者は全包括的・絶対の所有権を有するから当然のことである。使用、収益、処分が自由であるから当然のことである。

しかし、所有と経営が分離し、所有者(社長)と経営者(支配人、番頭)が分離していればそうではない。所有者はほとんど何の決定もしない。経営者も、どっぷりと首まで「伝統主義」に浸り切っているのであるから。

昨日までかくてありき、今日もまたかくてありなんと、やり方を変えて革新を断行することはあり得ない。革新(innovation)はまた創造的破壊(creative destruction)と言う。革新こそ資本主義の生命である。革新なき資本主義とは形容矛盾であり、本来、あり得ない存在である(拙著『資本主義のための革新』日経BP社、二〇〇〇年)。

全包括的・絶対の所有権を持つ資本家の誕生——資本主義にとって、これほど画期的、重大なことはない。かかる資本家があって初めて、革新を発生させて、資本主義を発展せしめることができるからである。所有と経営が分離された企業トップでは、到底、このようなことは思い及ばない。

経済学において概念の数量化(数学化)が急速に進展し得る所以《ゆえん》は、その根本となる所有概念が形式合理化(計算可能化、数学化)したからである。既に強調したように、近代資本主義においては、所有は、絶対化(所有者は一人である)し、抽象化した(拙著『小室直樹の資本主義原論』東洋経済新報社、一九九七年、第三章参照)。

このことによって、所有は数学化したのである。

要するに、資本主義における所有権とは、所有物についてどのような行為をもなし得る(どのような行為でも、法律上正当視され、「法律=裁判上の保護を受ける」という意味)ということである。一言で言えば、これが資本主義における所有の特色である。資本主義以外の社会においては、必ずしもそうではない。

特に、日本における所有は、昔から今に至るまで、資本主義における所有とは、対極的である。例えば、貞永式目《じょうえいしきもく》（一二三二年）における「悔い還し権」である（同右、六一頁）。

親が所領（領地）を息子に譲り、このことを幕府も承認したとする。これで、正式に親から息子へ、所領（領地）の所有（権）は移動したことになる。息子は今や、領地の所有者である。では、息子の所有（権）は絶対であろうか。所有物たる領地に何をしてもよいのであろうか。

とんでもない！　息子は所領を、親も幕府も満足させるように経営しなければならない。もし、所領の経営、両親の扶養、鎌倉への奉公、一族の面倒見などにおいて両親を満足させなければどうか。親は、領地を譲ったことを後悔し、所領を取り返すのである。

これが、「悔い還し」の権利である。親は息子に所有を譲っても、これを取り消すことができる。そして親が取り消せば、幕府も自動的に取り消す。

悔い還し権が示すように、貞永式目において、所有権は絶対ではない。まさに正反対である。悔い還し権がある場合には、「所有物に対して如何なることをなすべきか」その原則によって既に決まっている。ほとんど自由はない。この原則に従わなければ、所有権（の移転）は取り消される。

悔い還し権のある所有権こそ、資本主義的所有権の対極（正反対）にあるものである。両者の間の中間的なものとして、多くの変種が見られる。

例えば、中世ヨーロッパにおける土地所有権も、絶対的・全包括的な支配権というにはほど遠かった。土地所有者は、思いのままに土地を処分することはできなかった。彼らがその土地を他人に譲り渡すときには、上級の領主の同意を得て、いくらかの税金を支払わなければならなかった(レオ・ヒューバーマン『資本主義経済の歩み——封建制から現代まで(上)』小林良正・雪山慶正訳、岩波新書、一九五三年、一七頁)。

土地を他人に譲り渡すときだけではない。相続のときにも重大な制約があった。

土地保有者の相続人は、上級の領主に相続税を支払わなければならなかった。中世ヨーロッパでは、相続が、とりわけ厄介であった。女相続人は、結婚する場合には上級の領主の同意を得なければならなかった。もし、未亡人が再婚しようとするときには、上級の貴族に対して上納金を支払わなければならない(同右、一七頁)。

土地保有者と「国王との間に多数の上級領主がいた」(同右、一九頁)。中世封建の世の中において、最も重要な所有物は土地である。が、この土地を所有したら、厄介このうえないと覚悟しなければならない。所有が絶対的・全包括的な支配権ではなく、「この所有者」の所有権に、多くの上級・下級の諸所有者が介入してくるからである!

近代以前の社会では、土地・山林・原野・河川等については、それぞれの「物」の性質、効用に応じて、またそれぞれの主体に応じて、限定された異なる内容の権利が成立したのであり(例えば、耕地に対しては、Aは耕作する権利とそれに伴う地代支払義務とを持ち、Bは耕作者から地代を取る権利を持つ、というふうに)、そうして、これらの権利はいわば並列的に、広い意味での「所有」と呼ばれていた(例えば、地代徴収権者は、上級所有権を持ち、地代を払う耕作権者は下級所有権を持つ、というふうに)(川島前掲書、六四〜六五頁)。

このように、上級所有権と下級所有権が重なっていることからも見られるように、一つの物の上に重畳《ちょうじょう》していくつかの所有権が成立し得た。つまり、一つの物には、何人もの所有者があり得たのであった。

まさしく、資本主義の所有とは対蹠《たいせき》的である。資本主義的所有(権)においては、一つの物の上には、全包括的支配を内容とする、ただ一つの所有権しか成立し得ない(直和《ちょくわ》性)ことを思い出すと著しい特色をなしていた(同右、参照)。

このように土地(山林、原野などの不動産も同様)については、幾重にも所有が重なり、所有者の処分の自由は否定ないしは制限されていた。このことについては、ヨーロッパの例を挙げすぎたようであるが、わが国も同様である。

例えば、徳川時代の大名の封土《ほうど》は誰のものか。

将軍のものでもあり、封《ほう》ぜられた大名のものでもあると解釈するべきであろう。最単純模型《モデル》の下では、このように解釈できる。将軍が上級所有者、大名が下級所有者であるが、下級所有者である大名の処分権は、極めて制約されたものであった。

動産(穀物、家畜、農具、家財等)に対しては、所有権の内容は、不動産におけるよりは包括的であったが、それでも種々の限定を受けていた。例えば、農民は自分の耕地から収穫した穀物でも、自由に製粉することができなかった。また、穀物や織物等、種々の物の売買について、売主と買主の資格が制限されていた(同右、参照)。

私的所有権の特色――全包括性・絶対性――は、最も純粋には、「商品」として「交換」される財貨の特質である。マルクスは、このことを極めて鋭く指摘した。資本制社会においては、一切の富の基本的形態は、マルクスの言う意味での「商品」(等価で交換される財貨)なのであるから、資本制社会を支える法律は、財貨に対する所有を、特質を持つ権利(高度に私的な所有権)として保護するのである(同右、六六頁)。

近代資本主義の所有権は、極めて特異なものであって、近代以前の所有権概念とは異なるものである。その特徴は、幾度も述べたように絶対性と抽象性にある。このような所有権概念は、近代資本主義社会以外の社会にはあり得ない。

既に強調したように、所有権の絶対性(absoluteness)とは、絶対的・全包括的な支配権であるということである。所有者は、所有物に対してどのような行為をもなし得るということである。

では、近代資本主義社会における商品の絶対性は、どこから来たのか。

それは、商品交換から生まれた。資本主義社会においては一切の富の基本形態は、マルクスの言う意味での商品（等価で交換される財貨）である。資本主義は、流通（商品交換）によって機能する。商品交換が止まれば資本主義は動き得なくなる。

商品とは、貨幣、証券はもとより、資本（企業）、労働力、サーヴィスをも含む。諸情報が含まれていることは言うまでもない。情報通信（ＩＴ）革命によって、情報の商品としての比重が大きくなったことは注意されるべきである。

また、「商品流通」というときには、その前提にある「商品の資本主義的生産（目的合理的生産、すなわち利潤最大化のための生産）」および資本主義的消費（目的合理的消費、すなわち、効用最大化のための消費）をも含んでいることにする。

商品流通の前提としての「利潤最大化のための生産」と「効用最大化のための消費」は、特に重要である。企業は、利潤最大化のための生産を行う。これは、どの経済学教科書にも書いてあることで、当たり前のことだと思うだろう。

しかし、そうではない。それは、市場が自由であるから当たり前なのである。市場が自由放任（laissez-faire, let us free）だから当たり前なのである。

市場の自由は、資本主義であればこそ達成されたのであり、すべての経済においてそうであるわけではない。例えば、中世においては、ギルド（商人組合、同業組合）は、各企業を厳しく統制していた。ギルドのルールは、正確に守ることが要求され、利潤の最大化をめざして各企業が勝手なことをするなんて、とんでもない！

国家による企業の統制も珍しいことではなかった。例えば、フランス革命のちょっと前くらいの時期、フランスは工業の統制を行った。フランスの工業は、煩《うるさ》い統制を強制し干渉してくる検査官の部隊を持ち、「べし」「べからず」の網の目で取り囲まれていた（ヒューバーマン前掲書、二〇五頁）。このような例は、どの国の歴史にも枚挙《まいきょ》に暇《いとま》がない。

要するに、私有財産を意のままに使って、利潤を最大化することなどは不可能であった。所有者が所有物をどう使うべきかは、ルール（ギルドのルールなり、社会慣習なり、政府の統制）によって厳しく決められていた。

所有者の所有物に対する全包括的・絶対的な所有権なんてとんでもない。「所有者ハ、……自由ニ其所有物ノ使用、収益及ヒ処分ヲ為ス」権利なんかはなかったのである。資本主義以外の社会では、ギルド、慣習、……、政府などが、所有権の行使に介入し、決められたルール以外の使用は許さなかったのである。

column

マイナスの所有の数学化

まず、初等的に気付くことは、マイナスの所有ということが考えられることになった。

数学化の過程において、「マイナス」の概念がどれほど入りにくいものであるかについては、第1章で既に説明した。

その入りにくい「マイナス」が、近代資本主義における所有では、スンナリ入るのである。すぐ分かるのは、マイナスの資産という概念である。簿記(accounting)が開発されれば、単式でも複式でも、マイナスの資産の概念は導入される。「マイナスの財産を持つ人」という概念は、「今持っている財産よりも借金が多い人」というように、割合に容易に理解される。

「マイナスの所得」という概念は、「マイナスの財産」よりは、ちょっと理解困難ではある。子どもでもすぐ、「そんな人は生活できるのか」と質問をしてくるであろう。

一番手近な例は、収入よりも減価償却が大きい(ような経営をしている)人であろう。しかし、経済学的には作りやすくても、理解はちょっと難しい。

まず、減価償却という概念を説明しなければならない。正確に計算するためには、複式簿記の知識が必要である。予備知識なしの例としては、「収入より多くの必要経費をかけている」人か。例としてはこれでいいけれど、やはり、質問は受けよう。「そんな仕事は辞めてしまえばよいのではないか」と。

もう十分な財産があって、自力で奉仕的な仕事をしている人、とでも言うか。こういう人は、いるかもしれないが、資本主義では例外的存在かもしれない。短期的には、実際に存在するであろう。

マイナスの価格を持つ商品。これは、現在では、資本主義の初期や、それ以前の経済に比べて、例が挙げやすくなっている。ゴミ、産業廃棄物、廃船、廃車、排気ガスなどのような迷惑財の価格はマイナスである。固定資産として使える財でも、粗大ゴミになっている世の中だから、価格がマイナスの財を発見することは容易である。

このような、所有における「マイナス」概念も、その絶対化、抽象化から発生している。所有が占有から抽象されていなければ、マイナスの所有ということはあり得ないではないか。その場合には、「金を借りる」ということは、金そのもの(金貨など)を持ってきて、今、自分が占有していることであるから、マイナスの概念は出てくる余地はない。

資本主義における所有概念の数学化は、長い前期的資本の時代を通じて、徐々に発育、成長してきた。数学化の初めは、加減(プラスとマイナス)概念の導入である。

加減概念は、商品交換によって、広まり一般化していったのであった。

例えば、米と魚。本来、米は米、魚は魚であって、米に魚を加えられるものではない。引かれるものでもない。商品交換とは、違った品物を交換するのである。ゆえに違った品物を同一規準(例えば貨幣)で計る必要が生じてくる。市場が発達することによって、加減乗除の四則演算(ただし、ゼロの導入はかなり遅れる)が確立されていく。

それにしても、全く違った商品が、価値(value　価格×その商品の数量)という共通の指標によって計算され得るということは、実に驚くべきことである。その前に、米なら米でも、同一といわれて数量計算され得ることが、既に驚くべきことではある！

◆日本では考えにくい「所有の絶対性」

資本主義的所有権の特徴の一つの絶対性（全包括性）について論じてきた。過去や現在の日本では、「所有（権）」は絶対ではない。絶対でないどころではない。あまりにも多くの制約がつきまとっている。

このことが、日本の市場法則に、如何に多くの制約を課していることか。

日本の官僚制が腐朽《ふきゅう》（腐った）官僚制（rotten bureaucracy）に成り果てたことが諸悪の根源であるともいわれている。その諸弊害も、究極的には、所有権の絶対性の欠落から来る。

例えば、資本主義の官僚制は、当然、依法《いほう》官僚制（legal bureaucracy＝法律によって治める官僚制）に成長するべきであるが、日本の場合、依然として、家産《かさん》官僚制（patrimonial bureaucracy）のままにとどまっている。

それというのも、日本における「所有」が資本主義的所有権に行き着いていないからである。

それは、未熟資本主義の宿命ながら、そもそも、日本においては、元来歴史的に、そしてまた現代においても、如何に所有権が絶対になっていないか。このことに関して、歴史にもさかのぼって根本的に論じておきたい。

徳川時代には、所有権の絶対性への明らかな反例が見られる。

棄捐《きえん》、闕所《けっしょ》、お断り、御用金の四つである。

棄捐は、前代の徳政(室町時代に、幕府の財政や武士の窮乏を救うために債権、債務関係を消滅させたこと)に類するものである。寛政元(一七八九)年、松平定信が執政(老中筆頭)となると、札差《ふださし》(金貸し)が旗本御家人に対して有する天明以前の債権をすべて無効とした(瀧川政次郎『日本社会史』創元文庫、一九五四年、二九九頁)。

札差の損失は、合計一一八万七八〇八両という膨大な金額にのぼった。天保一四(一八四三)年、水野忠邦が執政となると、また棄捐令《きえんれい》を発し、このときは、札差の破産する者、半数にも及んだ(同右)。

徳川時代の権力者は、個人の私有財産の所有権にこれほどの暴威をふるっても平気であったのである。

しかし、さらにひどいのが闕所《けっしょ》である。これは、町人が罪を犯したことにして、重罪(死刑など)に処し、全財産を没収する制度である。

宝永三(一七〇六)年、大坂第一の富豪・淀屋は、町人の分際として身分不相応な白無垢《しろむく》を着たというだけの罪で闕所に処せられて、数代貯蓄した、大諸侯も遙かにしのぐ巨大な富を没収された。幕末、北越の富豪銭屋五兵衛《ぜにやごへえ》は、荷抜け（密貿易）を行ったという廉《かど》で闕所を命ぜられた上に磔刑《たっけい》に処せられた。

お断りとは、大名が町人より金を借りてその返済を拒絶することである。こんな乱暴な話はないが、町人が幕府に訴えても幕府は何もしてくれなかった。

京都大坂の富商が諸侯のお断りにあって破産した例は多い。

京都の富商那波屋《なわや》は、南部侯に貸した四五万両の貸金のお断りにあって滅亡した。両替屋善六は、美作《みまさか》の森美作守《みまさかのかみ》に一万両の貸金のお断りを受けたので江戸に出て訴えたが、幕府にかえって、不埒《ふらち》であると叱責されて、その家は亡んだ。

京の西鳴滝《なるたき》に独力をもって妙光寺を建立するほどの富豪糸屋十右衛門は、薩摩、肥後の両侯からお断りを受けて潰れた。なかでも、肥後の細川家、薩摩の島津家は、このお断りの方法で、町人を潰すことが多かった。

諸侯が町人の私有財産を踏み倒して、町人がこれを幕府に訴えても、当時の公権力たる幕府は、裁判もしなければ、まして強制執行もしなかった。野放図《のほうず》そのものであった。

御用金とは、幕府が公用に供するもので、江戸大坂の富商より相当まとまった大金を巻き上げるものであって、いわば一種の富豪税（財産税）であった。幕府が、江戸大坂の富商に御用金を命じたのは、九回にも及んだが、中でも最も有名なものは、天保一四年に水野忠邦が命じた御用金で、その総額は一一四万両にも達したといわれる（同右、三〇一頁）。
以下、念のために、所有権の絶対性について、些《いささ》か説明を追加しておこう。

◆キリスト教が生んだ所有権の絶対性

絶対性について既に厳密に述べたが、比喩的に言えば、「煮て食おうと焼いて食おうと勝手」とでも表現され得ることなのである。

資本主義以外の経済では、所有権は絶対であるわけではないのだ。資本主義の精神（der Geist des Kapitalismus）が浸透していくことによって確立されていったのである。

では、「所有権は絶対である」という考え方はどこから来たのか。

キリスト教から来た。神は天と地とその間のすべてのものを創造したもうた。被造物（creatures）は、すべて神の私的所有物であり創造者（creator）はこれに対して何事をもなし得る（例：パウロの『ローマ人への手紙』第九章二〇〜二二）。

このように、キリスト教では、神（創造者）の被造物に対する所有権は絶対である（例：「神はすべての被造物に主権を有する」、マックス・ヴェーバー『プロテスタンティズムの倫理と資本主義の精神』大塚久雄訳、岩波文庫、一九八九年、一四六頁）。

このタテの絶対的所有権が、ヨコの絶対的所有権（人間社会における所有権）に転化した理由が、欧米社会におけるキリスト教の本格的普及である(小室前掲『日本人のための宗教原論』一六四頁)。

資本主義的「所有権」の概念があればこそ、近代資本主義は、発芽し、発育し、発展することができる。しかし、それは歴史的に特異なものであり、資本主義の他の諸経済では存立し得るものではない。

さて以上、資本主義的所有権の絶対性の由来について説明した。最後に、念のためにもう一つ、後出のコラムで現在における例を追加しておきたい。

◆数学と結婚した経済学

現在の経済学は数学と結合した(あるいは、比喩的に数学と結婚した)が、それが可能となったのは、物理学が数学と結合したのと同じ理由による。すなわち、物理学の諸変数(変位、速度、加速度など)は抽象性を獲得した、ということである。古代ヘレニズムにおいて、幾何学が数学(形式論理学)と結合した。幾何学の諸図形(点、直線、円、それらが作る諸図形)が抽象性を獲得したからである。

直線とは、太さ(幅)が全くなくて長さだけがある図形である。こんな図形は抽象の産物であって、実在し得るものでないことは言うまでもない。点に至っては、その在り場所だけがあって大きさは全くない! 抽象の産物のみによって作られるユークリッド幾何学の諸図形は、もちろん、抽象の産物にすぎない。これらの抽象の産物にすぎない諸図形と形式論理学とから、ユークリッドは壮大な『幾何学原論』を作り上げたのである。

物理学が高度の抽象性を獲得したことを理解するための格好の例は、質点《しってん》(mass point)である。質点とは、大きさが全くなくて、質量を有する点のことであるとされる。質点が実在しないことは明白である。もし実在したとすれば、質点の比重は無限大となる。こんな物質が実在するわけがないではないか。

しかも、ニュートン力学は質点の力学から始まる。一質点のみが実在して、その他のものは何も存在しない模型から議論を始めるから、模型構築法(model building)に少しの関心もない人にはナンセンスに見えるのである。

しかし物理学は、抽象的な模型構築法を活用したので、数学の全面的使用が可能となり急速な進歩を遂げることができた。諸学問の手本となり、自然科学の多くと、いくらかの社会科学は物理学にならって長足の進歩を遂げたのである。

社会科学で、抽象的な模型構築法を活用し、数学の全面的使用が可能となり、長足の進歩を遂げたのは経済学なのである。

リカードの経済理論は、表面に数学は使わないが、実質的には数学によって構成されている(森嶋通夫『リカードの経済学』高増明・堂目卓生・吉田雅明訳、東洋経済新報社、一九九一年)。マルクスもまた、経済学における数学の使用を督促した(『マルクス　数学手稿』菅原仰訳、大月書店、一九七三年)。ヒックス、サムエルソン以降は、経済学における数学の使用は当然視されるようになった。今では、経済学のどの教科書を読んでも、山盛りの数学を見出すことになるわけである。

それでは、経済学は一体全体、何を研究しているのか。

資本主義社会における経済法則である。それは、資本主義だけを研究対象とし、それ以外の社会を研究対象とすることはない。この意味で、経済学は極めて特異な科学である。

政治学は、ソクラテス、プラトン、アリストテレスなどと、古代ギリシャの政治哲学から研究を始める。

法律学では、「ローマ法」は、今でも重要な基礎テーマである。古代中国の法律から、ソビエト法の研究に至るまであって、資本主義の法律だけを研究するのではない。

社会学では、もちろん、資本主義の社会だけを研究するのではない。人間社会だけではなく猿社会もまた重要な研究テーマとなってきた。猿以外の社会にまで研究に及ぶ人まで出てきている。

心理学(psychology)では、今や、人間の行動ではなく、ネズミの行動が研究の中心となっている。いや、ネズミでも高等すぎるとして、ウナギやミジンコを主に研究する人も現れてきている。人類学では、研究の主眼は、いわゆる未開人(barbarian)にある。二〇世紀の中頃、単純社会(simple society)の研究に画期的業績をあげたことが契機となって、一応の方法論が確立した。その方法論で、資本主義社会の研究は困難である。少なくとも、あまり成果が期待できない。ゆえに、資本主義社会の研究は、あまり行ってはいない。

このような社会諸科学の研究と引き比べてみると、経済学の研究対象は、あまりにも特異である。

既に述べたように、それは、資本主義の経済に働く法則である。研究対象は、狭く資本主義に限定されるのである。

問　発展途上国や社会主義国の経済の研究もあるのでは？

答　それはあります。ありました。

例えば、ソ連がまだ滅びない頃、ソ連でも経済学研究がかなり進歩していました。リニア・プログラミングとかダイナミック・プログラミングだとか……数学を盛んに使って産業連関論（レオンティエフ・システム）などが活発に研究されていました。

しかし、その研究方法たるや、英米はじめ資本主義諸国で開発された正真正銘の資本主義の経済学（マルキストのいうブルジョワ経済学、いわゆるブル経）でした。

経済学は社会主義でも資本主義でも共通であると思念したのか、あるいは、ソ連もやがて資本主義へ復帰するのだと無意識のうちに思い込んでいたのか？　いや、「マルクス経済学」といったところで、その内容は全部資本制社会における経済法則の研究である。マルクス自身の研究目的もそこにあり、社会主義経済の研究は実は皆無である！

資本主義の経済法則の研究にあたっては、なぜ数学がフルに用いられるのか？　数学の使用が大きな生産力を発揮するのか？　なぜ模型構築法が物理学のように使用されているのか？

その理由は、資本主義における所有(権)が抽象的(abstract)であるからだ。抽象的であり、且つ全包括的・絶対的であるからなのである。このことこそ肝要であるので、次に若干、敷衍《ふえん》しておきたい。

◆中世の所有は占有と不可分

近代資本主義においては、所有権の存在や内容が観念的・論理的に決定される。つまり、抽象的なのである。中世では、物に対する所有権があるかないか、また、所有権の内容が何であるかは、所有者が物に対して現実にどのような支配行為をしているか(あるいは、していたか)、ということを離れては決定されなかった。

特に、動産がそうであった。動産の所有は、所有者がその動産を実際に占有している限り、権利として保護されたのである。例えば、動産の所有者がこれを他人に貸したり預けたりした場合には、彼はその動産に対する現実の支配を失い、原則として所有権の主張ができなくなる(小室前掲『小室直樹の資本主義原論』六八頁)。

これが、中世における所有(権)なのである。つまり、占有(occupation)と所有(possession)とが不可分という考え方であった。表現を変えれば、所有(権)は、近代になってからもまだ抽象化されず、現実的支配と不可分ということであったわけである。

驚くべきことに、実は日本における所有とは、いわばこのような中世的所有であるのだ。このことは川島武宜《たけよし》博士も指摘し（川島前掲書、七一〜八六頁）、筆者もさまざまな場で指摘してきた（小室前掲『小室直樹の資本主義原論』八四〜九〇頁）」。

わが国においては、資本主義的所有概念は今に至るも確立されていない。所有はいまだに抽象的《アブストラクト》（論理的、観念的）に決まるのではない。占有と所有とは分離していない。理非は論ぜず、現実支配が即所有である。

川島博士は、このことに注意し、「本を貸した場合」について論じている。当時（一九六七年頃）の日本においては、本を貸した場合に、借りた人が用済みの後、直ちに自発的に返してこない。この点、アメリカとは大いに違う。

私は学生からある本を貸してくれと頼まれ、快く貸したところ、二年ばかり経っても返してくれないので催促した。彼はその本の各所にペンや鉛筆で筋を引いたままで、何の悪びれるところもなく返してきたのである（川島前掲書、八〇頁）。

この時代における教授と学生との地位の格差といえば、今日では想像もできないほどである。その偉い大先生が特にお貸し下さった本だ。大切にしなくては！　どんな学生でも、こう思うに決まり切ってはいる。それでもやはり、「この本、借りてきてしまってオレが支配しているんだ。要するにオレの物だ。筋くらい引いたっていいだろう」。

他人が所有する本に、ペンや鉛筆で筋を引くのは悪いことだかどうか。是非は論ぜず、「現実支配」が即「所有」であるとばかり行動した。

資本主義的所有概念が成立していないと、どうしても、こういうことになる。

支配は所有である。

現実に支配していると自分のモノになる。

金融市場を支配していた旧大蔵省の役人は金融市場は自分のモノだと思い込んだので、「大和銀行事件」や「住専問題」などが続々と起きた。今も同様、役人は経済を私物化し切っている。

ソ連の役人は、現実支配をしているソ連の社会主義経済を私物化し切って勝手気儘《きまま》に搾取し切った。それでソ連は亡びた。

資本主義の精神の欠如は、社会主義すら滅ぼす！

column

高級ブランド品を買う自由

消費者の場合も所有権が絶対であればこそ、効用を最大化できる。「消費者は効用を最大にする」なんて言っても、近代資本主義であればこそできる。それでは、中世封建的村落ならばどうか。そこにおいては、生活そのものが慣習であった。慣習から外れることは許されない！　消費財といえども、勝手に消費して効用を最大にするなんてとんでもない。

六月二八日、オープンを待って若いＯＬら一〇〇〇人近くが並んだ東京銀座のフランス高級ブランド「エルメス」の直営店。人気のケリーバッグをはじめ五〇万円以上する革製品が初日だけで一〇〇個以上売れた（『日本経済新聞』二〇〇一年七月五日夕刊）。

こんな消費は、資本主義であればこそできる。「まだウラ若い女の子が五〇万円以上もする革製品を買うなんてとんでもない！」「いくら何でも目に余る！」なんて言う人も多いかもしれない。

しかし、資本主義では、誰がなんと言おうとどんなに目を剥《む》こうと、五〇万円以上ものケリーバッグを買うことが、若いＯＬにできるのである。それを買うお金は、彼女の私有財産であるから、所有権は、全包括的・絶対的である。使用、収益（株を買おうと何をしようと）、処分（寄付しようと、ボーイフレンドにプレゼントしようと）は全く彼女の自由であり、誰からも干渉される所以はない！

しかし、中世の村落ではこうはいかなかったであろう。現在でも、古い慣習が澱《よど》んでいるところでは、誰もが勝手に効用の最大化を行うことはできない。

近代資本主義においては、商品交換の前提として、経済主体（企業と消費者）に、目的合理的行動（特に形式合理的行動）が要請される。消費者が効用を最大化し、企業が利潤を最大化することによって、各商品の需要関数と供給関数とが表れる。

そして、各商品の需要と供給とが等しい点において均衡点（equilibrium point）が決まって、その点で、商品売買が行われる。

これらの例からも明らかなように、全包括的・絶対的な所有権がなければ、商品売買（商品流通）はスムーズに行われえないのである。つまり、資本主義が機能し得るための条件として、全包括的・絶対的な所有権が確立したのである。

◆資本主義における所有の抽象性は数学化される

資本主義における所有権のもう一つの特徴たる抽象性（abstractness　観念性・論理性）もまた商品交換から発生した。

商品交換において、商品所有者の関心を惹くのは、商品の価値（交換価値、価格）である。商品の具体的な事柄は、その使用価値を含めて、商品の価値の背後に退いてしまう。

「所有権の抽象性」とは、現にその物を支配しているかどうかとは関係なく、所有権が成立するということである。

近代資本主義における所有権は、その存在や内容が、観念的・論理的に決定されるということである。それは、所有（possession）と占有（occupation）の分離ともいう。資本制社会における所有（権）は、権利であるから、そのものを実際に占有しているかどうかとは関係ない。

観念的・論理的であるとは、換言すれば、抽象的（abstract）であるということである。抽象的であればこそ、資本主義における所有は数学化されうるのである。抽象的であればこそ、資本主義社会における所有は、同一律、矛盾律、排中律を具有することが容易に検証され、数学的に処理されていくことになるのである。

資本主義における所有（権）概念は、前資本主義的所有概念とは全く違う。特徴的なものである。所有者が所有物に対して何らかの支配行為をしているかどうかという事実とは全く関係がない。いまだ所有物を見たことがなくても、所有（権）者であるための法律上の根拠（権限）さえあるならば、所有権者であるのだ。

近代法（資本主義の法律）においては、「所有権」という法律上の「あるべき状態」と「ある状態」（事実上の支配行為）とは、完全に分離されている。当為《ゾレン》（Sollen）と存在《ザイン》（Sein）との分離（二律背反）という原理が、高度に貫徹している。日本の伝統的所有権意識においては、まさにこのような二律背反的二元主義が欠けている。

それでは、このような所有（権）の抽象性（観念性）はどこからきたのか。

資本主義の中で、所有権がそのような性格のものになったからなのである。

資本主義社会においては、一切の富の基本的形態は「商品」である。財貨が商品であるということは、それが他の財貨（貨幣）と交換されることが期待される、という人間対人間の社会的行為の関係の中に置かれている。財貨は、商品として表れてくる限り、売ったら何円になるかという形でまず問題になる。交換過程においては、「価値」が等しいかどうかが、交換当事者にとって関心の焦点となるのであって、財貨について現実の支配行為があるかどうかということは問題にならない（川島前掲書、七〇〜七一頁）。

交換過程の中では、商品の価値のみが抽象、頭の中で考えられるものでしかない。そして、財貨の目に見え、手で触れる現実の要素そのものは捨象すると考えていただきたい。つまり、商品の交換過程が、所有（権）を抽象化させる。

また、商品の交換過程（資本の交換過程）がスムーズに進行するためには、所有（権）は、全包括的・絶対的でなければならない。使用・収益・処分が完全に自由でなければならない。

そうでなければ、目的合理的（形式合理的）企業活動はできない。最適化（optimalization）ができないのである。

つまり、近代資本主義における所有とは、実際に手に持っているとか、占有しているとか、監督できるかとは関係ないということを言っているのである。

論理的にたどっていって、この人に所有権が帰するということになった人に所有権があるとするのだ。資本主義における所有は抽象的である。観念的、論理的に決定されるとは、このことを言う。資本主義的所有概念と違った所有概念を持っていた者として、特に興味があるのは、徳川時代における商家であった。資本主義における財産は個人のものである。例えば、ハワード・ヒューズという個人のものである。

ところが、日本における考え方は、これとはまるで違う。

三井組のものであって三井同族（三井同苗《どうみょう》）のものではない。「主従持合《しゅじゅうもちあい》の身代《しんだい》」すなわち使用人も含めて三井全体のものであり、同族、番頭、力を合わせてこれを永遠に保持していかなければならない（宮本又郎『日本の近代11　企業家たちの挑戦』中央公論新社、一九九九年、一〇三頁）。

すなわち、「三井家の財産」という所有物は、当主（今の主人）という個人の所有物ではない。主人を含めた三井同族（親類一同）のものでもない。使用人を含めた主従持合である。近代資本主義では、力点を置いて強調してきたように、所有物の持ち主は、ただ一人である。ただ一人に限る。三井では、いわば、これとは正反対である！

所有者は、同族だけではない。従業員も含めて、いわば、果てしなく広がっていく。

江戸時代の大商家の多くにおいては、所有と経営の分離が行われていた。いわゆる番頭経営の慣行が確立していた。

ハワード・ヒューズの例だけを見ても明らかなように、これは近代資本主義においては考えられないことなのだ。個人の所有者が所有物の上に全包括的・絶対の支配権をふるうのであれば、所有と経営は一体であり、分離の余地はあり得ない。番頭は単なる使用人であって、所有に参加することはあり得ない。

◆社会主義へと後退する日本の資本主義

日本だけが違っていた。

所有者とは違う人が経営を行うのである。この慣行が現代までも引き継がれ、株主(所有者)とは違う人物が企業の経営を行っていることも珍しくない。この所有と経営の分離は、戦後、進展し、資本主義から伝統主義の方向へ逸脱し、創業者社長以外の株主には、ほとんど経営権はないに等しいまでに至った。

戦後の日本では、株主の代理人として経営(経営者)を監視すべき役員が社員の中から選ばれ、彼らは役員でありながら経営者を兼務し、社員を中心とした関係者の利益と意向で働く。そこでは、株主のためという意識はほとんど皆無で、株主総会は全く形骸化している。

この資本主義以前への逆転は、重大な現象であるので、その由来を尋ねておきたい。

鴻池《こうのいけ》家の家訓には「家督之儀《かとくのぎ》は先祖より之預り物と心得」と記してある。

つまり、所有者として「先祖」が出現しているのである。企業の資産は、家産であって企業主個人のものではなく「家」の所有物であるとされた。だから、「家産」と呼ばれる。

その家産は、先祖からの「預り物」で子孫へ譲り渡していくものとされていた。ゆえに、「当主の役割は『輪番』、すなわち、次の人に渡すまでの当番にすぎないと規定されている」（宮本前掲書、七七頁）。所有者ではなく当番なのであるから、家産に対して、全包括的・絶対的な所有権など持ちようがない。

この「家」とは何か。それは、当主だけではない。当主の家族、同族、奉公人まで含むものと考えられていた。

武士の場合の「一族郎党」と対比されたい。武士が戦争という業務をするとき、「一族郎党を引き連れて」などとの成句ができていることからも知られるように、一族とは、当主（主君、殿様）の家族、同族である。郎党は家来である。武士が行動するときには、家族同族も（外から来た血のつながらない）家来も一心同体になって業務を共にする。

この家の概念が武士だけでなく、商家にまで広がった。当主が欠格者と見なされれば、廃嫡《はいちゃく》されて他に相続人が求められる。武士でも封建時代の武士ではなく、戦国時代の大名のような話ではないか。相続人は、家族、一族だけでなく、奉公人であることもあった。

同族の所有権の行使は、自由どころではない。強い制約が課されていた。

京都の商家でも同様の家訓が見られる。

「夫《そ》れ家を起すも崩すも、皆子孫の心得なり。亭主たるもの、其の名跡《みょうせき》、財産、自身の物と思うべからず」(京都・西村彦兵衛家)(同右、七七頁)

また江戸中期以降の大商家では、当主個人の財産処分権や経営裁量権は、厳しく制約されていた。江戸中期以降には、日本における前期的資本は大いに進展し、「資本主義」のための準備がなされたといわれている。最近の研究によると、生活水準も向上し、人口も増えた。そして、驚くべきことに複式構造を持った帳簿をも生み出すに至った(同右、二九頁)。所有と経営の分離も、既に論じたように、大商家では確実に進んでいた。

このように、目的合理性の進歩には、目を見張るものがあった。それでいて、所有権の形態は、資本主義とは逆方向へ向かっていたのであった。

所有権が資本主義的なもの(抽象性、全包括的・絶対的)になるのは、商品流通(商品交換)が広く行き渡らなければならないとは、既に論じた。ここにおいて特に重要であるのは、利潤最大、効用最大等の経済主体における目的合理性(特に形式合理性)の浸透であると述べた。

江戸中期以後の日本における商品流通(商品交換)には特異なものがあった。商品流通は、日本社会の隅々までに、行き渡っていなかった。同族企業において、欧米と日本とでは、際立った対比を見せた。

欧米では、同族の中の誰か一人が経営を引き継いでいくという意志が強い。ゆえに、この一人が企業の資産を引き継ぎ、自らの意志で経営も行っていく。所有は所有者の全包括的・絶対的支配であるという資本主義の原則が確立しているからである。ゆえに、所有と経営の分離ということは、あまり進まなかった。

これに対して日本では、所有に関する資本主義の原則は確立されなかった。ゆえに、所有者といえども、企業資産という所有物を、自由に使用、収益、処分をしてよいものだとは思っていない。企業は、みんなのものであり、その中で有能な人が経営をするという考え方に行き着いた。

ゆえに、日本の江戸期の商家では、名目上家督を相続する当主には、経営能力は必ずしも必要とされなかった。経営は番頭たちに委任された。所有と経営は分離され、番頭経営が発達した。番頭経営は、放漫経営の防止、家産の分散の抑止に大いに貢献をしたのであり、江戸時代の商家が数世代にわたって永続し得た一つの大きな要因となった(同右、七八頁)。

支配人、番頭たちに経営委任が行われる場合、多くの商家では同時に、「家訓」「家憲」「店掟《みせおきて》」「店制」などが制定され、家産維持・運用、相続法、帳簿の付け方、奉公人の労務管理、取扱商品などのルールが決められた。この番頭経営の基本理念となったのは、新儀停止《しんぎちょうじ》・祖法墨守《そほうぼくしゅ》であった。つまり、理念は徹頭徹尾、伝統主義(Traditionalismus, traditionalism)であった。

例外的な経営者もいた。鈴木商店という戦前の大商社をご存じだろうか? 戦前に金子直吉(一八六六〜一九四四年)という類い稀なる才覚を発揮した番頭経営で一躍急成長した会社である。創業者の鈴木岩次郎《いわじろう》の未亡人よねの下で、彼は徹底的に新事業を開拓し、世界有数の大商社へと育て上げた。全盛期には、スエズ運河を通過する全船腹《せんぷく》の一割が鈴木のものと言われるほど、鈴木商店は単に日本のみならず世界でも屈指の大商社であった。

彼は進取性と合理的精神に富んでおり、その意味で日本人離れした破天荒な経営者であった。残念なことに、拡張主義が祟って一九二七年の金融恐慌に際して、倒産へと至るのであるが、金子が開拓した新事業は、今日でも著名な多くの元鈴木系企業に引き継がれている。

まあ、このような特異な例外はあるとしても、右に述べたように、番頭経営は、いくつかの点において、目的合理的な産業経営を志向し、所有と経営を分離したことは刮目《かつもく》に価する。それでいて、その理念は、伝統主義に向けられたものである。その、いわば二律背反は注意すべきである。ゆえに、番頭経営は、遂に、利潤最大化に向かうことはなかった。その理念が伝統主義であるだけではない。雇用経営者(支配人、番頭)たちの教育システムもまた、「伝統主義的」であった。

江戸時代の雇用経営者たちは、ほとんどの場合、幼少の頃から当該商家でトレーニングを受け、主家に対して忠誠心を示し、準家族成員と認められて初めてその地位に就くことができた存在であった(同右、七九頁)。

その単純な模型を図示すると、

支配人→番頭（大番頭、小番頭）→手代《てだい》→丁稚《でっち》（小僧）

すなわち、

江戸期商家の基幹的労働力は丁稚奉公から勤め上げる子飼い奉公人であり……、奉公人の教育は、その商家での過去の経験やノウハウに基づくもので……（同右、七九頁）。

新儀停止《しんぎちょうじ》の理で、このような教育が子飼いの奉公人になされて経営者が育っていくのである。どのようなイデオロギーを持つ経営者であるかは言うまでもあるまい。昨日まで正しかったことは今日も正しい。「永遠なる昨日的なもの」（das ewig Gestrige　永遠の過去）に支配されたエトス……。

しかも、この経営者、企業の所有者ではなくて番頭（使用人）である。私有物である企業の資産を自由に活用して新規の事業をたくらむ！　これほど、奉公人としての経営者に遠いエトスは考えられまい。

3 中国や日本社会の特性

このように、資本主義所有権は、特徴的にキリスト教的概念である。ゆえに、キリスト教的背景のない人々には受け入れにくいのかもしれない。

中国人や日本人の多くは、キリスト教的背景に乏しい。そのために、中国や日本では資本主義的所有権が浸潤《しんじゅん》しにくいのかもしれない。

◆人間関係で左右される中国の所有権

中国では、近代資本主義が成立することが難しい。資本主義的所有権が確保されないからである。近代資本主義においては、所有権は絶対である。人間関係と社会事情に左右されない。就中《なかんずく》、事情変更の原則は許されない。

このように決めておかないと、経済主体（消費者と企業）とは、目的合理的（Zweckrationalität）に（消費、生産）計画を立てることができなくなり、商品、資本のスムーズな流通ができなくなるからである。そのために、市場が自由に機能しなくなること、いや、市場がそもそも機能しなくなることを恐れて、資本主義は、その独自の「資本主義的所有権」を確保したのであった。

中国において、所有権は、人間関係と社会事情によって左右される。事情変更の原則によっても浸食される。

中国における人間関係で、まず注目すべきは、幇《ほう》という人間関係である。これを自己人《ツーチーレン》ともいう（例：高橋正毅「中国人の法意識が変わり始めた――中国ビジネス徹底研究」『中央公論』一九九四年七月号臨時増刊）。

一口で言えば、幇（幇会《パンフェ》とも書く。自己人）とは、如何なる人間関係なのか？

根元的人間関係とでもいうか、最も親しい盟友関係とでもいうか。中国固有の人間関係で、日本にも欧米にもない。人的結合の固きこと、世界無比である。

幇（自己人）内の人間関係たるや、盟友も盟友、絶対的盟友である。死なばもろともである。もちろん、いくら借金したって「証文」なんか、とても考えられない。所有権が成立する余地は少しもない。

幇の規範は、公の法律にも規範にも優先する。これでは、絶対的な資本主義的所有権が成立しようもないではないか。

ここのところが、どうにも納得できない人は、『三国志』（羅貫中《らかんちゅう》著でも吉川英治著でも、横山光輝の漫画でもよい）を参照されるとよい。

幇（幇会）の外に、情誼《チンイー》という人間関係がある。

情誼は、幇に較べれば、より緩い人間関係でもあり得る。しかもやはり、重要な人間関係でもあり得る。

特に重要なのは次のことである。

市場法則（例：価格決定）が、情誼の特性によって左右される！

彼らは金だけを追求する商売を軽視する。商売を通じて、豊かな人間関係が成立しないと満足しないのである（孔健『中国人――中華商人の心を読む』総合法令、一九九四年、一三一頁）。

すなわち、中国人の商売とは、

商売は、金と物のやり取りをすることだけではない。人間と人間との付き合いなのだと彼らは固く信じている（同右、一三一頁）。

それゆえに、中国では情誼の有無で二重価格が生じる。

全く同じ品物でも、中国では買い手によって、値段が違う（同右、一四〇頁）。

換言すれば、

商人は、情誼を深めたい相手には安く売る。また、安く売ることによって情誼を持つ相手のネットワークを広げてゆく(同右、一四三頁)。

そして結局、

中華商人は、買い手によって、価格が異なることを不道徳だとも不当だとも思っていない。むしろ当然の商法だと考えている(同右、一四二頁)。

中国の二重価格は、人種差別によるものでもなく、寡占によるものでもない。情誼の有無による。情誼の「有無」でなく、その「深さの程度」を変数にとれば、同様にして三重価格、四重価格……も説明され得る。

中国人にとっては、情誼の深さこそが関心の的である。

さて、以上、近代資本主義では、所有権は、絶対的であり、抽象的である。主権みたいなものである。このことについて説明してきた。

それであればこそ、消費者も企業も、自由自在に活動できるようになる。そのありさまを数字でうまく書き表すことができるようになるのである。

もし、所有権が絶対的でなく、抽象的でなかったならばどうなるのか。

消費者も企業も、縦横無尽には活動できなくなって、資本主義は欠点だらけとなるであろう。昨今の日本に見るように役人は〝国のものはオレのもの〟だとばかり、権力を私物化し、企業を勝手に操って、社会主義のお化けのようになってしまう。

ヴェーバーの言葉で言い表せば、家産官僚制(patrimonial bureaucracy)がいつまで経っても、合法的官僚制(legal bureaucracy　依法《いほう》官僚制)に転化できないために社会主義的歪曲《わいきょく》は至る所に発見されるのである(例えば、天下り先の特殊法人の増大など)。

このように資本主義の末期においては、所有権から絶対性と抽象性が失われて所有権は空虚となり、資本家はやる気をなくして企業家精神《ウンターネーマー》を失い、革新《イノベーション》は出にくくなり、資本主義は亡びざるを得ないというのがシュンペーター理論の粗筋なのである。

読者の皆さんは、なんと「日本型資本主義の行く末」を暗示しているようだとは思われないだろうか。

第4章

証明の技術

背理法・帰納法・必要十分条件・対偶の徹底解明

1 形式論理学の「華」——背理法（帰謬法）

数学は絶対に矛盾を許さない。ゆえに、矛盾に逢着《ほうちゃく》すると危機に陥る。このことを利用した卓抜なる証明技術がある。背理法である。

$\sqrt{2}$が、有理数でないことを背理法で証明したのはピタゴラス学派の数学者であった。

背理法（帰謬法《きびゅうほう》）の威力とは、簡単に言えば、何かを前提とすると、結果として不合理なことが起こる。したがって、その前提は誤っている、というふうに結論づけていく手法である。

◆背理法の論理とその威力

アリストテレスによって形式論理学を作り上げた古代ギリシャ人は、誠にこの上なく数学的な背理法を好んだ。あくまでも矛盾を排除して止まないことを徹底させる背理法は、形式論理学の華であり、古代数学の華であり、現代にも伝えられている。

プラトンの対話篇の中に、背理法の有名な例がある。

まず、ソクラテスは問いを提出し、相手が答え出すと、その答えがとんでもない結論となってしまうことを示す。

「……しかし、正義についてはどうなのか、正義とは何だろうか？　真実を語り、預かっていたものを返すことなのか。そして正義のこのような定義には決して例外は見出せないのか。仮に私が一人の正気な友人から武器を預かったとし、その友人が狂人になってからその武器を返してくれと要求したら、私は彼にその武器を返却すべきだろうか？　誰も私に私がそうすべきだとか、そうすることが正しいことだなどとは言わないだろう。また、そういった状態にあるものに対して真実を語ることが正しいことだとも言わないだろう」

「全くだね」と彼は答えた。

「だとすると、真実を語り、預かったものを返すことが、正義の正確な定義とは言えないわけだね」と私(プラトン)は言った(W・C・サモン『論理学』山下正男訳、培風館、一九六七年、四三頁)。

この論証の構造は次のようになっている。

Ⅰ　証明したいこと……真実を語り、預かったものを返すということは、正義の正確な定義ではない。
Ⅱ　仮定……真実を語り、預かったものを返すということは、正義の正しい定義である。
Ⅲ　仮定からの結論……狂人に武器を渡すことは正しい。しかし、これはおかしい。
Ⅳ　結論……ゆえに、真実を語り、預かったものを返すということは、正義の正しい定義ではない。

背理法の形式を次に示す。

Ⅰ　証明したいこと　P_0
Ⅱ　仮定　非P_0
Ⅲ　仮定からの結論　偽《ぎ》なる立言《りつげん》
Ⅳ　結論　非P_0は偽。ゆえに、P_0

次に、ジレンマ(dilemma　両刀論法)と呼ばれる論法について述べる。これは相手を板挟みにして進退きわまらしめる論法であって、論争や討論の場合にきわめて有効な働きをする論証法である。古代ギリシャ時代から盛んに用いられ、有名な例も伝えられている。

弁論術の先生が彼の弟子の一人と契約を結んだ。もしその弟子が最初の訴訟で勝たなかったら、彼は授業料を支払う必要がないというのがその契約であった。

ギリシャ時代の弁論術は論争のために学ばれた。論争の中でも特に重要であるのが裁判である。裁判官の前で、被告と原告とが論争して相手を論破したほうが勝つというのが裁判の仕組みであった。

この弁論術の先生と彼の弟子との授業契約はどうなったのか。

授業は全て終わった。

先生は弟子に授業料を請求する訴訟を起こした。弟子は次のような論証で自分を弁護した。

私はこの訴訟に勝つか負けるかのどちらかである。

もし、私がこの訴訟に勝てば、私は先生に授業料を支払う必要はない（先生は授業料請求の訴訟に負けたのだから）、……(1)

もし、私がこのこの訴訟に負ければ、私は先生に授業料を支払う必要がない（先生との契約に基づいて）。……(2)

ゆえに、(1)と(2)とから、私は授業料を先生に支払う必要がない。

先生は次のような弁護を行った。

私はこの訴訟に勝つか負けるかのどちらかである。

もし、私がこの訴訟に勝てば、弟子は私に授業料を支払わなければならない(私は授業料請求の訴訟に勝ったのだから)。

もし私がこの訴訟に負けても、私の弟子は私に授業料を支払わなければならない(彼は最初の訴訟で勝ったのだから)。

ゆえに、弟子は私に授業料を支払わなければならない(サモン前掲書、四五頁)。

このジレンマは、最初の契約が、自己矛盾(self-contradiction)を含むことを表すものである。

中世においても、多くの哲学者は背理法(帰謬法)を好んだ。

中世を代表する大思想家と言われるトマス・アクィナス（一二二五？〜七四年）は、背理法を用いて神の存在を証明した（神の存在の第三番目の証明。『神学大全』第二問題、第三項）。

ちなみに、彼は一四世紀には教会によって聖人に列せられ、一九世紀の第二次ヴァチカン会議まで彼の説はカトリック教会の公式の教義とされていた。アクィナスの神の存在証明は、特に優れているとして名高い。矛盾を活用した背理法（ラテン語でreductio ad absurdum）が、これほど大きな威力を発揮したことは記憶に留めておくべきである。

既に強調したように、存在問題（存在定理）は、古代ギリシャから近代に至るまで、数学の根本問題である。「神の存在問題」は、古代イスラエル人の宗教からキリスト教に至るまで、啓典宗教の最大問題である。この最大問題が、背理法において、奇しくも「根本問題」に逢着したことに注目しておきたい。

矛盾律が生んだ背理法は、これほどにもすごい威力がある。

背理法を本当に腑に落とし切り、自家薬籠中《じかやくろうちゅう》のものにしておくことが大切である。コラムで説明を追加しておきたい。

Column

背理法を用いた証明の例

問題　$\sqrt{2}$が無理数であることを証明せよ。

$\sqrt{2}$が無理数であることはピタゴラスの弟子によって証明されました。さあ、あなたもそのつもりで挑戦してみて下さい。

答

I　$\sqrt{2}$は無理数である。

II　$\sqrt{2}$を有理数と仮定する。

III　そうすれば$\sqrt{2}$は、1以外に公約数を持たない自然数a、bで

$$\sqrt{2}=\frac{b}{a}$$

と表される。両辺を二乗して移項すると、

$$2a^2=b^2$$

となる。左辺は偶数だから、b^2も偶数となる。

$\therefore b$ は偶数。 ……………………………… (1)

そこで、$b = 2c$ と置く。 c は自然数。

$2a^2 = 4c^2 \quad \therefore a^2 = 2c^2$

したがって、a^2 は偶数であり、a も偶数。 ……(2)

(1)(2)より a、b はともに偶数である。つまり、2を公約数として持つ。これは公約数を持たないとした仮定と矛盾する。

IV　したがって、$\sqrt{2}$ は無理数である。

数学における「矛盾」は、これほど決定的に重要な(vitally important)役割を演ずるのであるから、徹底的に根底から理解しておく必要がある。

◆非ユークリッド幾何学の発見——パラダイムの大転換

背理法(帰謬法)は、典型的な矛盾律の活用である。

数学の歴史において、この背理法を使ったために、天地を揺るがすほどの一大発見がなされている。

それは、非ユークリッド幾何学の発見である。発見者はニコライ・イワノビッチ・ロバチェフスキーというロシアの天才数学者である。

ユークリッド（BC三〇〇年頃、ギリシャの数学者）の幾何学が五つの公理からスタートしたことはよく知られている。

第一公理から第四公理までは単純明快である。

公理一　任意の点と、これと異なる他の任意の点とを結ぶ直線を引くことができる。

公理二　任意の線分は、これを両方へいくらでも延長することができる。

公理三　任意の点を中心として、任意の半径で円を描くことができる。平たく言えば、コンパスを使ってもよろしい、ということである。

公理四　直角は全て相等《あいひと》しい。

しかし、次の第五公理は複雑であった。

公理五　二直線が一直線と交わっているとき、もしその同じ側にできる内角の和が二直角よりも小であったならば、二直線はその側へ延長すれば必ず交わる（図参照）。

読者もすぐにお気づきのことと思うが、この五番目の公理だけが、他の四つの公理に比べてやたらに複雑である。現在ではこれは本質的に同等でもっと分かりやすい、

「任意の直線とその直線外の任意の一点が与えられているときに、その一点を通ってその直線に平行な直線はただ一本に限る」

という公理を採用することが多い。これを平行線の公理というが、他の四つの公理がほぼ直観的に明らかであるのに比較して、ちょっと様相を異にしている。

このことを易しく説明するのは難しいが、例えば無限に続く二本の線路の片方に立って、遥か彼方を眺めてみる。すると、自分の立っている線路はまっすぐ見えるが、相方の線路は曲がって自分の線路のほうに近づいてくるように見えるだろう。あるいは、地平線は曲がって見えるだろう。極限の問題が絡んでいる、とも言える。

そこで、数学者たちは、実はこの第五公理は、本当は公理ではなく、他の四つの公理から導かれるのではないかと考え、一〇〇〇年以上もの間、様々な努力を重ねたにもかかわらず、ずっと成功しなかった。問題は、近代ヨーロッパにも引き継がれたが、一九世紀になるまで誰もやはり成功し

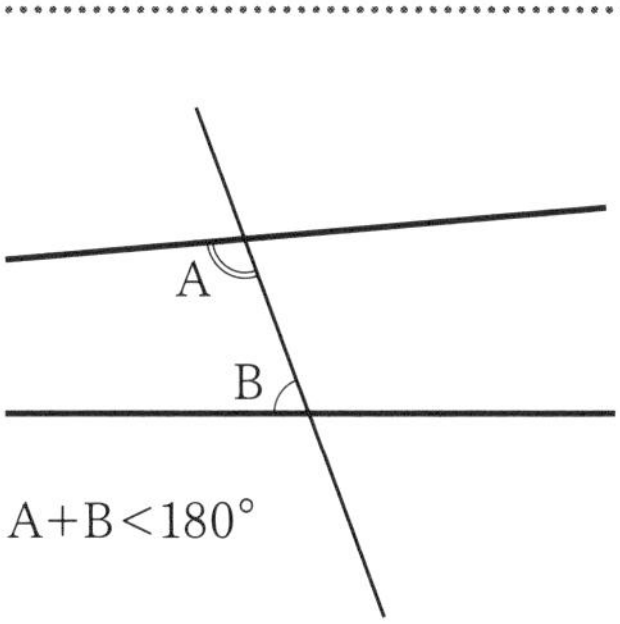

なかった。

一体、第五公理、すなわち、「直線外の任意の一点を通ってこれと平行な直線がただ一つ引ける」ということは、公理（仮定）なのか、当然なのか（証明はされていないが）、それとも怪しいフシがあるのか、一九世紀初頭にはこのくらいに意見が分かれてきた。

そんなときに現れたのが、ガウスより一五歳ほど年下のロバチェフスキーである。

彼はどう考えたかというと、まず第五公理を取り外して、これと矛盾するような公理を仮定してみた。彼は、こんな途方もない前提からスタートすれば、必ずや矛盾に遭遇するであろうと期待した。具体的に言うと、「一直線外の一点を通ってその直線に平行な直線は一本とは限らない」という仮説を置いたのである。

それで、改めて幾何学の体系を作っていき、その過程で矛盾が現れれば、それで良しとした。つまり、矛盾が現れたのは、第五公理を否定して別の公理を仮定したからであり、その仮定は間違い。したがって第五公理は正しい、と証明できる。つまり、背理法により第五公理の証明をしようとしたわけである。ロバチェフスキーの志は遠大であった。

ところが、いざ証明を始めてみると、行けども行けども矛盾は現れてこない。議論を進めて、ユークリッドの第五公理を否定した新公理を掲げて推論を進めていって、どんどん新定理を発見し続けていく。

しかし、意外にも、どこまで行っても矛盾に逢着することはない。ロバチェフスキーは驚嘆したが何とも仕方もない。気がつけば、ロバチェフスキーは、ユークリッド幾何学とは違う非ユークリッド幾何学を作り上げていた！

多分こうした事態は、ロバチェフスキーも考えていなかったことだろうが、とにかく、結果として、全く別なもう一つの幾何学ができあがってしまったのである。これが、非ユークリッド幾何学の誕生であり、しかもこれによって、「公理とは自明なことではなく、仮説にすぎない」という重大な事実が、明らかにされたのである。

これが非ユークリッド幾何学の発見譚《たん》である。

非ユークリッド幾何学の発見は、数学史、科学史に画然《かくぜん》たる大発見である。この大発見も、形式論理学が学者の頭に定着していたから可能であった。計算法だけの数学が到底でき得ることではない。いわば、大きな背理法である。矛盾律が腑《ふ》に落ち切っていればこそできたことであると言えるだろう。

科学の歴史にはよくあることだが、ロバチェフスキーの天才が認められたのは、即座のことではなかった。ガウスは、彼の論文を読み「名人の傑作だ」と評価したが、遂に彼の天才を推薦することがなかった。ロバチェフスキーの天才が認められたのは、ガウスの死後一〇年以上経ってからのことであった。

非ユークリッド幾何学誕生の意義は、限りなく深い。一つは公理というパラダイムに、大転換を迫ったことである。公理は絶対ではない！　公理は数学者が作るものである！

非ユークリッド幾何学は、その後ベルンハルト・リーマン（ドイツの数学者、一八二六〜六六年）やフェリックス・クライン（ドイツの数学者、歴史上の幾何学を整理したエルランゲン・プログラムで有名、一八四九〜一九二五年）によって引き継がれ、新たな発展を遂げたのである。

◆真理の発見から模型構築へのコペルニクス的大転換

ギリシャ人は、数学的事実——例えば、ユークリッド幾何学における諸定理——は数学者がこれを発見するに先だって、既にそれ自身存在するものと考えていた（吉田洋一『零の発見——数学の生い立ち』岩波新書、一九五六年改版、九四頁）。

古代ギリシャ人は「空間」といっても、ユークリッド空間がただ一つだけ与えられたものであるとしか考えてはいなかった。ユークリッド空間の他の途方もない空間があるなんて空想してもみなかったのであった。

真の空間はただ一つ与えられたものであって、ユークリッド幾何学はその空間の性質を演繹《えんえき》的方法によって記述しようとするものであった（同右、九五頁）。

数学をこのような態度で研究してきたのは、古代ギリシャ人やヘレニズム世界の人々だけではない。古代ローマ人もサラセン人も、近代ヨーロッパ人もみんなそうであった。しかし、一九世紀に非ユークリッド幾何学が創造されることによって、このような研究態度が一変したのであった。

しかるに、現代の考え方からすれば、ユークリッドの空間以外にいくらでも違った構造を持つ「空間」を創造し得るのであって、そのいずれが真の空間であるかということは意味がない（同右、九五頁）。

要するに、幾何学研究法は、真理の発見から模型構築（model building）へと革命的な飛躍があったというのである。

この幾何学革命を機軸として科学全般にわたって、研究の態度は、真理の発見から模型構築へと革命的な飛躍があった。このコペルニクス的転換を成し遂げた論理こそ、矛盾律（the law of contradiction）をもとにする背理法（reductio ad absurdum）であった。

2 数学を除くあらゆる科学は不完全である——帰納法

◆近代科学と帰納法

数学の証明技術を理解することで、近代科学の限界を垣間見ることもできる。例えば、数学には帰納法という証明技術がある。

その他の近代諸科学も、やはり帰納法を使う。

近代科学は帰納法によって発達してきた。今ここで帰納法(induction)を正確に理解しておこう。帰納法は、「ある特定のものについての判断」つまり特称命題(particular proposition)の前提から、「全てについての判断」つまり全称命題(universal proposition)の帰結を得る推論である。

人間の体験は、宗教の教義《ドグマ》とは違って、実は特称命題である。

カラスは黒い。

という命題は、この言葉を言った人が見たカラスは黒い、という意味である。黒いカラスが存在する、という意味である。「体験」によって、全てのカラスを見るということは不可能であろう。もっとも、この人は何もそのようなことを言おうとしているのではない。より正確に言うと、

私が見たカラスは黒い。

それだけのことなのである。「あるカラスは黒い」という特称命題である。それを、体験者が言ったということを根拠にして、「カラスは黒い」という全称命題の結論を仕上げる。ここで、「カラスは黒い」という命題は、数学では「全てのカラスは黒い」と解釈する。「二等辺三角形の二つの角は等しい」という全称命題は、全ての二等辺三角形について述べられている。これと同様である。

これが、帰納法（帰納的論証）の方法である。帰納法から導き出された結論は、真でない（偽である）こともあり得る。多分、真であろう、と言い得るにすぎない。

帰納法がもたらす結論は正しいとは限らない。このことが肝要である！

このことを理解するには、右に挙げた例だけを見ても十分であろう。

実際に見た人が「カラスは黒い」と言ったとしても、この人は、全てのカラスを見たわけではない。この人の見たカラス（それはもちろん、カラスの一部分にすぎない）が黒かった（特称命題）としても、（全ての）カラスが黒かった（全称命題）とは言えない。

この帰納法がもたらした結論は、まだ、成立する（真である）とは言えていないのである。もし、どこかで、黒くないカラスが一羽でも発見されれば、「カラスは黒い」という全称命題は成立しなくなる（真ではなくなる）。

問題 バードウォッチングを趣味とする人が世界各地を巡り、「（私の見た）スワン（白鳥）は、（みんな）白い」と言ったとする。この命題から、「スワンは白い」という全称命題を帰納法的論理として導き出すのは正しいか。

答 正しくない。オーストラリアで、黒いスワンが発見されたので、「スワンは白い」という全称命題は否定された。

帰納法がもたらす結論は、正しいとは限らない。しかし、正しいかもしれない！

この「正しいかもしれない」というところが、実は曲者《くせもの》なのである。

「正しいかもしれない」というところを、「正しい」とすり替えてしまうのである！

と言えば、無茶苦茶な怪事のようにさえ思える。だが、この「すり替え」は、どういうわけか意外に生産性が高いのである。

宗教的主張とは違って、人間の体験、実験、実証などはみんな特称命題で言い表される。しかし、

「科学的真理」ともなると全称命題になる。

この特称命題から全称命題を導出する帰納法は、正しいとも限らない。くれぐれも、このことに留意すべきである。

言ってみれば、摩訶不思議なことながら、科学は、この「正しいかもしれない」ことを「正しいこと」にすり替える帰納法によって発達してきたのであった。

例えば、人類学(anthropology)は初め、現地駐在員、宣教師、探検家などの未開地における見聞を資料として作り上げられた。個人の体験を基《もとい》にする見聞録は、もちろん、特称命題から成立している。

このような特称命題から科学的真理(全称命題で表される)を作り上げることは可能ではない。科学的真理かもしれない命題、せいぜい、科学的真理らしい命題が得られるにすぎないであろう。

初期人類学の成果は、ブロニスワフ・マリノフスキー(ポーランド生まれのイギリスの社会人類学者、一八八四〜一九四二年)がニューギニア東部のトロブリアンド諸島でフィールドワークを行い、優れた民族誌を著して人類学の調査方法に大きな功績をあげた(『西太平洋の遠洋航海者』など)。

ラドクリフ・ブラウン(イギリスの社会人類学者、一八八一〜一九五五年)はデュルケム社会学の方法を人類学に導入して方法論的に発達させた(著書に『アンダマン島民』などがある)。この二人によって、人類学研究法は基礎を置かれ、飛躍的な発展を遂げていくこととなった。

◆心理学の実験と物理学

理論においてだけでなく、実験においても数学は重要な役割を演ずる。科学は、実験と理論との統合である。物理学においては、実験も理論も、いわば手を携えて進歩した。そのために長足の進歩が成し遂げられた。社会科学でも、実験や理論を、方法論として取り入れようとする動きは起こってきた。

実験（experiment）を基礎にする方法で学問を再編成しようとする運動は、心理学において起きた。行動心理学（behavioral psychology）の運動は、実験を中心とする方法によって、心理学を科学として確立しようとした。内観法（introspection）を廃止して実験だけに研究法を絞り切ろうという主張である。この行動心理学の方法は、やがて全心理学を覆い尽くすようになった。

そうすると、人間の複雑な行動を実験することは困難である。内観法を退けて実験しか許さないということになると、複雑な人間行動の研究は中止せざるを得なくなる。実験対象は、犬から猫へ、ネズミへと、次第に下等動物の行動の研究へと移らざるを得なくなっていた。

ハラス・スキナー（一九〇四〜九〇年）は、パヴロフの実験こそ、心理学事始めであったと論ずる。イワン・パヴロフ（ロシアの生理学者、一八四九〜一九三六年）は、犬のヨダレを流すという行動は生理行動ではないことを示し、生理学からは独立した科学としての心理学を確立したのであった。

実験を本気になって考えようとすると、やはり、数学的思考法は不可欠である。現実に目を向けるというだけでは、実験とは言えない。

反例。八百屋お七《しち》の話から、丙午《ひのえうま》の女は縁起が悪いと言う。これは実験であると言えるか。単なる現実観察は実験とは言えない。実験であるためには、変数の分離（separation of variables）が行われていなければならない。

そこで、心理学的研究法をスケッチすると、次のようになる。

心理学の実験　刺激（S）→ 生体 →反射（R）

行動関数　$R=\mathrm{f}(S)$

生体に刺激（S：stimulus）を与えたとき、どのような反射（R：reflex）をするか。それを見る（確認する）のが心理学実験である。すなわち、反射（R）は、刺激（S）の関数である（$R=\mathrm{f}(S)$）であるから、このfの関数型（functional form, the type of the function）を確定するのが、心理学実験の目的である。

この際、刺激（S）は原因であって、反射（R）は結果である。この原因と結果との因果関係（どんな原因からどんな結果が生ずるか）の解明が心理学研究法の目的である。

この因果関係の解明のためには、実験を行う際の変数の分離が必要であることは先に述べた。

この実験の結果であるが、いずれも特称命題である。「ある刺激から、ある反射が生じる」ことが確認されたにしても、常に成り立つかどうかは保証の限りでない。この論理は、物理実験でも、化学実験でも、全ての実験に共通である。

次のようなごく素朴な落体実験を行ったとしよう。修復の終わったピサの斜塔の上からでも何でもよい、空中から物体を落としてみて、(比重が空気より大きい)物体は確かに落ちることが確認されたとする。

落体実験を行った人は喜んで、「物体は落ちる」という法則が確認されたとするであろう。これは、帰納法(帰納的論理)で導き出された正しい法則であると言えるか。いや、帰納法は、正しい法則を導き出したりはしない。正しいかもしれない法則らしきものを導き出すにすぎない。

物理実験、化学実験などの自然科学実験に用いられる帰納法は、不完全帰納法(incomplete induction)と呼ばれる。

「不完全」と言われる理由は、当該実験は、法則が常に成り立つ(真である)ことを証明するのではなく、成り立ち得る(真であり得る)ことを証明するにすぎないからである。この法則は正しいかもしれない。しかし、実験が証明したのはそこまでであって、それ以上ではない。

このように言えば、科学者、科学教信者は、当該実験は多くの人々によって繰り返し何回も行われた。何億回……何兆回も、そのたびに同様な結果が得られた。そのいずれもが法則を確認するものばかりであった(例：物体は必ず落ちた)と反論するだろう。

ゆえに、この法則は正しいらしい、ではない。「確実に、正しい。このことが実験によって証明されたのである」と反論するであろう。

この反論は、現代の多くの人々に説得的である。

あなたならどうだろう。説得されて、やはりこの実験によって法則が証明されたと思うだろうか。物体は、どの物体でも、いつ誰がどこで落としても落ちたという経験ないし実験から、「物体は落ちる」という落体の法則が帰納法的に証明されたと思うか。

確かに、そのような気はする。

ところが、論理的にはそうではない。その理由は、物理実験は、不完全帰納法であるからである。確かに、実験した限りでは、物体は必ず落ちた。

しかし、証明できたのはそこまでであって、それ以上ではない。

実験しなかった物体は落ちなかったかもしれないではないか。実験しなかった時刻には、落ちないかもしれないではないか。実験しなかった場所では落ちないかもしれないではないか。

既に落体実験を行った科学者ではなくて、別のある科学者が落体実験を行ったら、(比重が空気より大きい物体でも)物体は落ちないかもしれないではないか。

反論の最後の部分は科学者にも説得的であろう。

既に実験によって確認されたことになっている法則が、新しく出現してきた科学者の新実験によって否定された。これは、よくあることである。例えば、一八世紀には熱素というものが存在すると、科学者の中で広く信じられてきた。熱素の存在が否定されたのは、ずっと後になって新実験と新しい理論（熱力学）がルドルフ・クラウジウス（ドイツの物理学者、一八二二〜八八年）によって提起されてからのことにすぎない。

万有引力が距離の二乗に反比例するというのは、ニュートン以来の法則だが、果たして事実なのか、いまだに実験が行われているという。

とは言っても、現代人の多くにとっては、「実験が必ずしも信用できない」とは、何だか受け入れにくいかもしれない。

ちょっと説明を追加しておこうか。

「自然科学の実験は不完全帰納法である」から例外があっても論理的におかしくない。このことを、全面的に利用して議論を展開した人々がある。米国のファンダメンタリスト（fundamentalist）である。

column

変数の分離

先生　変数の分離（separation of variables）とは、こんな話です。

今、仮に、一つの病院があったとします。患者がバタバタと死ぬ。原因は何なのか。

これを考えてみます。環境が悪いんだろうと、ずっと良い環境のところへ病院を移した。

生徒 そんなに簡単に引っ越せるんですかね？

先生 模型《モデル》だから仮定の話です。ご想像下さい。

生徒 ま、いいでしょう。

先生 それでもやはり患者はバタバタ死ぬ。そこで、環境が原因でないことが分かった。次に、薬品を入れ替えてみた。それでも患者は死ぬ。そこで薬が原因でないことも分かった。そこで、医者を全員入れ替えてみた。それでも患者は死ぬ。そこで医者が原因でないことも分かった。

ところがある日、院長が、突然、ポックリ頓死《とんし》した。そうしたら患者が死ななくなった。原因は、院長がヤブであるからであると分かった。

これが変数の分離ということのアイディアです。

ある結果の原因は何であるか実験で確かめようとする。

原因らしいもの、a、b、c、……、zを考えてみる。今、b、c、……、zを一定（つまり不変）にしておいて、aだけを変化させたとする。このとき、結果（患者の死）が変化すれば（生存）、aが原因であったと推論される。

このやり方を変数の分離という。

◆ファンダメンタリストの科学批判

ファンダメンタリストとは、聖書(特に『福音書』)に書いてあることを、文字どおり(literally)そのまま事実であると信ずる人々のことである。重病人が瞬時に治癒したり、死者が生き返ったり、人間が水の上を歩いたり……。キリスト教などの啓典宗教以外の宗教では、教義上、ファンダメンタリストは存在の余地はない。

どうしたわけか、日本人にファンダメンタリストはいない。聖書の奇蹟に関する記述でも、おそらく何かを象徴した表現だろう、ぐらいに受け止めてしまい、深くは考えず読んでしまう。だから、日本人は、「ファンダメンタリストとは奇妙な人だ」と思い込んでしまう。本気で相手にしたがらない。

だが米国では、大概の人は、ファンダメンタリストを特別に奇妙な人であるとは思っていない。社会から尊敬を受けている人も多いし、業績を上げつつある自然科学者も少なくない。ファンダメンタリストの主張は、社会的に大きな影響力を持っているのだ。

聖書に書いてあることを、そのままストレートに信ずるファンダメンタリストは、奇蹟(the

miracles）も、それらは実際に起きたのだと信ずる（者が多い）。世の常識人や科学者が批判しても、一向気にも留めない。平然としている。その理由を一言でまとめると、自然科学の法則といえども、不完全帰納法の証明によるものにすぎないではないか、ということにある。

例えば、イエスが水上を歩きたもうた（徒歩で水の上に浮かびたもうた）という話、重力の法則を無視した話であるとされる。が、ファンダメンタリストは驚かない。重力の法則だって絶対であるまでは言えない。ことによると、物理学者が実験していないところでは作動していないかもしれないではないか。自然科学の実験、観測は全て不完全帰納法によって諸法則の証明としているから、ここまで言われると反論の余地はあり得ないのである。

科学者たちの公式的な異論をはねのけて、ファンダメンタリストはますます意気軒昂《いきけんこう》、キリスト教の本質に迫る勢いを現した。「奇蹟なんて科学的に起こり得ない」と言う人に、ファンダメンタリストは答えて言う。

「自然法則といったところで、やはり神が造りたまいしものにすぎない。だから、神ならば自然法則を変更することもできれば一時停止させることもできる。神が重力の法則を一時停止させたとすれば、人間が水の上を歩いたとしても、少しもおかしくないではないか」

ファンダメンタリストは、科学が使っている（不完全）帰納法の意味を論理的に考え抜いているのだから、反撃の手を緩めない。

「自然科学の法則といったところで、あなた自身が実験で確かめたわけではないでしょう。自然科学者が言ったことをあなたが信じている、これだけのことです。自然科学の学説でも、学問が進んでいくにつれて、これまで常識だったことが次々と否定されている。自然法則といったところで、要するに、今の時点で『私はこの学者を信用します』というだけのことにすぎないでしょう。私は、自然科学者も信用しますが、それ以上に聖書を信じます」

このような理論に誰が抗《あらが》えようか。

自然科学者は、不完全帰納法によって実験から法則を導き出してくる者であるから、信用するにしても、聖書とは違って限度があり、「ある程度」「ことによれば」以上ではあり得ないのである（小室前掲『日本人のための宗教原論』一六四〜一六六頁）。

◆メアリー・ベイカー・エディの「奇蹟」

米国のファンダメンタリストのなかでも、特に有名なのが、クリスチャン・サイエンスの教祖メアリー・ベイカー・エディ（一八二一〜一九一〇年）である。

彼女のところへ、息も絶え絶えの重病人がやってくる。彼女が一言、「汝は癒されたり」と宣言すると、この重病人は、たちまち元気になって、喜び勇んで帰っていく。

彼女は言う。「『福音書』にあるとおりでしょう。汝の信仰、汝を癒せり！」

メアリー・ベイカー・エディは、医者も病気も近代医学も信用しない。信用するのは、『福音書』

である。イエスが病人を治したまえるとき、医者や病院や近代医学がどこにあったか。イエスは、そんなものは一切用いないで重病人を治したもうた。そのとおりにしさえすればいいではないか。メアリー・ベイカー・エディの病気治しは『福音書』に書いてあるとおりの方法で行われた。あまりにも覿面《てきめん》であったので、クリスチャン・サイエンスは燎原《りょうげん》の火のように全米に広がっていった（同右、一六六～一六七頁）。

近代医学は、周知のとおり、不完全帰納法による。実験は滅多に行われないし、観測も不完全である。近代医学が方法的に不完全であることは医者がみんな知っている。

それであればこそ、ファンダメンタリストが確信を持って「汝の信仰、汝を癒せり！」と言って重病人を治したとき、こんな方法で病人を治すことは医学の常識に反すると言って反論を加えた医者はいなかった。クリスチャン・サイエンスが米国中に急速に広がっていったとき、これに本気になって抗議を企てた医者の集団はなかった。

驚くべきことであるとは思わないか！　クリスチャン・サイエンスは自己の方法に確信を持っているのに対し、不完全帰納法に依拠する近代医学は、自己の方法に確信を持ち得ないからである。

クリスチャン・サイエンスの教義は、「実在するのは神だけである。神は善であるから悪は存在しない。病気や老衰や苦は実在しない」。したがって、病苦が実在すると思うのは人間の妄信である。ゆえに、妄信であると自覚した途端に消える、と考えるわけである。

実際、クリスチャン・サイエンス教会に駆け込んできた病人は、メアリー・ベイカー・エディの教えを聞けばたちまち、病苦が消えて全快する。それゆえ、クリスチャン・サイエンスは広まるばかりである。そしてついに、イエスの贖罪《しょくざい》で原罪は消えたのだから、死もあり得ない。死があるとは妄信にすぎないと気づけば、人間は永遠に生きる。と、ここまで教義を広げることになった。

こんな教義を信ずる者がいるか？

ところが、多数いたのである。呆《あき》れてはいけない！

この教義を信ずる者は反論する。「人間はみんな死ぬというが、そんなこと実証できるか？」あの人も死んだ、この人も死んだ……、なんて言ったところで、畢竟《ひっきょう》（つまり）、それだけのことではないか。そんな実例を並べてみても、特称命題にすぎない。そんなことから導き出される「人は死ぬ」という法則（全称命題）は、不完全帰納法から導き出された結論にすぎないではないか。正しい（真である）とは限らない。

これに反し、「イエスの贖罪によって原罪は消えたのだから死はあり得ない」という結論は、聖書から確実に導かれる命題であるから、これは成立する（真である）に決まっている！

このように、クリスチャン・サイエンスは、論理的に絶対正しい（聖書の教義から、演繹《えんえき》的に導かれるから、聖書が絶対に正しければ、これまた絶対に正しい）命題を引っ提げて、正しさ（真であること）が保証されていない不完全帰納法から導き出された「人間は死ぬ」なんていう命題を蹴散らしてしまった。

これと同様に、科学実験、科学的観察における帰納法は、みんな不完全帰納法である。人の体験から得られる「法則」における帰納法も、もちろん、不完全帰納法である。ファンダメンタリストにとって、このような正しいとは限らない科学法則など、聖書の絶対的な正しさに比べれば、ものの数でもなかったのである。

◆完全な帰納法は数学だけが持つ

果たして、ファンダメンタリストの言うように、科学における帰納法は、全て不完全帰納法なのか。全ては幻か。

そうではない。帰納法にも完全帰納法はあるのである。

この帰納法で証明された命題は、(必ず)成り立つ(正しい。真である)。

では、それは、どんな帰納法であるのか。

数学的帰納法(mathematical induction)である。

数学的帰納法は、「全ての自然数について成り立つ」命題を証明する証明法である。ガウスが一瞬にして解いた等差数列の和の公式は、一から五〇〇までの和だけでなく、どんな自然数についても成り立つのである。次のコラムをご参照いただきたい。ただし、嫌な人、お急ぎの人は飛ばして結構である。

Column

和の公式

例1 自然数1からnまでの和

$1+2+\cdots+n=n(n+1)/2$

この数学的帰納法による証明は、次のようにしてなされる。

(1) $n=1$のとき、この式は成り立つ。

(2) $n=k$のとき成り立つとすれば、$n=k+1$のときにも成り立つ。

(1)と(2)から、(3) $n=2$のときにも成り立つ。

(3)と(2)から、(4) $n=3$のときにも成り立つ。

(4)と(2)から、(5) $n=4$のときにも成り立つ。

以下同様に、次々と追っていけば、自然数をどこまでも追っていっても、全ての自然数について、この公式が成立することが分かる。

例2 奇数1、3、…、$2n-1$の和

(0)　$1+3+5+\cdots+(2n-1)=n^2$

(1)　$n=1$のとき、この命題が成り立つ。

(2)　$n=k$のとき、この命題が成り立つとすれば、$n=k+1$のときにもこの命題が成り立つ。

所与の命題(0)は、$n=1$のとき、左辺＝1、右辺＝1であるから、成り立つ。

今、$n=k$のとき成り立つとすれば、

(1)　$1+3+5+\cdots+(2k-1)=k^2$

左辺と右辺に$(2k+1)$を加えれば、

左辺$=1+3+5+\cdots+(2k-1)+(2k+1)$

右辺$=k^2+(2k+1)=k^2+2k+1=(k+1)^2$

すなわち、左辺＝右辺。

これは所与の命題が、$n=k+1$のときに成り立つことを表す。

すなわち、

(0)　$1+3+5+\cdots+(2n-1)=n^2$は、$n=k+1$のときにも成り立つ。

◆統計調査法と帰納法

数学的帰納法は正しい(真の)命題を証明する。その他の帰納法は正しい命題を証明するとも限らない。その他の帰納法によって証明された命題は、「正しいかもしれない。正しいこともあり得る」ことが証明されたにすぎない。

それゆえ、帰納法は、法則の正しさを証明するよりも、説得の技術として用いられることが多い。これらの帰納法的説得の技術にはそれぞれの陥穽《かんせい》(落とし穴)がある。

次に、論じてみよう。

帰納法的説得の技術に枚挙《まいきょ》がある。枚挙とは、一つ一つ挙げつらうことである。

この場合、全てを列挙すれば、当該命題は成立することが証明される。例えば、ユダヤ教、イスラム教における食物規制のごとき場合、「食べてよい」食物と「食べて悪い」食物とを正確に定義し、それらの全てを列挙しているから、帰納法は、法則の正しさを証明している。つまり、「食べてよい食物」と「食べて悪い」食物とは、この法則によって、一義的に(uniquely, eindeutlich)判別され得る(『申命記』第一四章三〜二〇、二一〜二二)。

しかし、枚挙による帰納による論証の多くの場合においては、全てが列挙されることはない。枚挙による帰納では、一部分に関する観察から、全てに関する結論が引き出される。すなわち、この一般化、「帰納による論証」は、必ず成立する（真である）とは限らない。成立するかもしれないというにとどまる。

もう一つは、標本の観察に基づく一般化である。

例えば、樽の中のコーヒー豆が良質かどうかを調べてみる必要があったとしよう。樽の中のコーヒー豆をよく掻き混ぜて、その中からいくらかのコーヒー豆を標本として取り出す。検査の結果、標本の中のコーヒー豆は全て良質であった。

この前提から、樽の中のコーヒー豆は全て良質であるとの結論を出す。この帰納法を、標本の観察に基づく一般化による結論である、という。

公式で表すと、

前提　観察された標本の中のコーヒー豆は良質である。
結論　ゆえに、樽の中にある全てのコーヒー豆は良質である。

前提は、樽の中にあるコーヒー豆に関して観察された情報である。結論は、樽の中にある全てのコーヒー豆に関する立言《りつげん》（叙述）である。

ところで、調査する場合には、集団全部のものについて調査すること（全数調査という。例：国勢調査）があり、集団の一部分を調査して全体を推測すること（標本調査という）がある。

統計調査は、普通、標本を選び出して資料として調査をする。その際、どのように標本を選び出せばよいかを指示する方法が統計学である。

母集団(population)の一部分として取り出して資料として調査するものを標本(sample)、取り出した資料の個数を標本の大きさと言う。

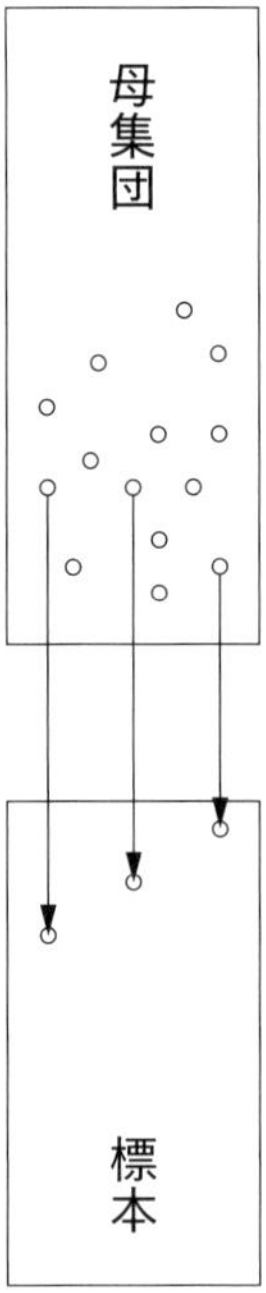

普通の統計調査は、母集団の全数調査をしないで一部分だけを取り出して標本調査をするのであるから、不完全帰納法である。

まず問題とされるのは標本の大きさである。標本は大きいことが望まれるが、大きくすれば大きくするほどコストがかさむから、どこまでも大きくするわけにはいかない。

先ほどの例で、樽の中のコーヒー豆は良質である、という命題を証明しようとして四粒だけの資料を調査して結論を下せば、信頼のできる一般化を行うには不十分であろう。これは、「一挙に結論へと飛躍する虚偽」と呼ばれる。

こう定式化すれば、これは途方もない呆れ返ったまやかしに決まっていると思うであろう。しかし、実際に、このような方法で宣伝を強行して成功することもある。調査をして強力な結論を得ることもある。

特に過激な宗教集団や思想集団などの場合、小さな標本を調査しただけで、「一挙に結論へと飛躍する虚偽」が形成されることが多い。当局やマスコミがこのように宣伝することも少なくない。

例えば、戦前日本の特高警察(思想を取り締まる警察)のごときは、共産主義者という母集団の中から小さな標本だけを取ってきて、彼らの行動様式、気質などを調査して「共産主義者」の人間像なるものを作り上げ、このような者だと宣伝した。

これは、「一挙に結論へと飛躍する虚偽」であるが、このまやかしの使用に関する限り共産主義者も特高警察に負けてはいない。彼らは、「日本の労働者」という母集団から、ことさら、自分たちのイメージに合うような小さな標本を作って、これらの労働者の思想、好み、行動様式などを調査して、「日本労働者」の人間像なるものを作り上げた。貧乏で、資本家・地主から搾取され、封建制度が絡みついた資本主義に怨恨《えんこん》を持ち、君主制を嫌い……。

これも、「一挙に結論へと飛躍する虚偽」である。実際、このような日本労働者も、あるいは存在したかもしれないが、その数たるやごく少数であったろう。

帰納的な一般化が信頼のおけるものであるためには、標本の大きさも大切であるが、標本が全体をよく代表していることがさらに必要である。

標本が全体をよく代表するための数学的技術が統計学(statistics)である。ここでは、統計学を全面的に解説している余裕はないが、その主旨とエッセンスについて述べる。

ここで、標本が全体をよく代表するとはどのようなことなのか。要点を述べておきたい。

樽の中のコーヒー豆が良質であるという命題を証明する際に、樽の中のコーヒー豆を標本として取り出す前によく掻き混ぜておくことが大切である。そうしないと、良質である豆であることを証明するために代表的ではない標本を取り出してくるおそれがあるからである。樽の大部分を粗悪な品質の豆でいっぱいにしておいて、ただわずかに樽の最上部だけに良質の豆の薄い層を作っておくということも考えられる。つまり、悪巧《わるだく》みも可能ということだ。

したがって、樽の中の豆をよく混ぜ合わすことによって、代表的でない標本を取り出す危険を防ぐのである。

「偏った統計による虚偽」が作る偏見は、次のようにして作られる。

例えば、ある宗教（人種、民族でもよい）に対する偏見は、どのように作られるのか。

ある宗教の中から、ある好ましくない性質を持った例だけを選び出して観測する。そのような性質を持たない例は、注意深く黙殺される。

◆もう一つの帰納法——権威による論証

いわば帰納法は、正しい命題へ向けられた説得の技術とも言える。ゆえに、「科学的方法」と言いながら、既に多くの説得術が開発されている。

サモンの『論理学』は、論理学の教科書として高名である。そこでは、帰納法の「論証」法として権威を挙げている(サモン前掲『論理学』一六、一二六～一三二、一五六頁)。

次に、説明を加えておきたい。

人々は、自分が主張する命題を論証するために権威を利用する。

「権威(authority)による証明は正しいか」と改めて聞かれれば、多くの人は、「正しくない」と答えるであろう。特に日本人は「権威主義は嫌だ」と言う。少なくともそんなふりをする。

それでいて、いつの間にか、権威によって論証された命題を信じてしまっていることが多い。

権威のあるものとしては、人物、組織、書物、……などが挙げられる。日本では、マスコミが特に大きな権威を持つことがある。かつて、「東大」「岩波」「朝日」が権威と呼ばれたこともあった。

権威とは、元来、正当性の創造である。

イエスが、山上の垂訓《すいくん》(教訓を説き示す)を語り終えたとき、

人々はその教えに驚嘆した。イエスが律法学者たちと違って、権威ある者のように語ったからである(『マタイ福音書』第七章二八、二九)。

ユダヤ教において権威を持つ者は神ヤハウェだけである。権威を持って語れる者は、神の代理人

モーセだけである。人間は権威も持たず、権威ある者のように語ることはできない。

世の律法学者(scribes)は、神学者と法律家を兼任しユダヤ教の僧侶みたいな面《つら》はしているが、単なる人間にすぎない。ゆえに権威を持たず、権威ある者のように語ることはできない。単に律法(law, Recht, droit　モーセが神から授かった掟《おきて》)を訓詁《くんこ》解釈して世に広めるだけである。律法学者も一介の人間にすぎないのであるから、「権威ある者のように語る」などとは、言語道断、途方もないことなのである。

ところが、イエスに限って権威ある者のように語った。

この人は、実は、人間ではないのか!?

古代ユダヤ人にとっては、まさに驚きであった。

権威ある者のように(権威ある者として)語ったイエスは何者なのか?

まさしく神である、としか答えようはない。キリスト教のニケア(ニカエア)信条(三二五年)、カルケドン信条(四五一年)はこのように答えるであろう。しかし、人間が同時に神であるなんて、ユダヤの人々は思ってもみなかった。群衆が驚いたのも無理はない。

権威とは、ユダヤ教においては、本来、神が持つものであった。この考え方は、キリスト教に受け継がれた。キリスト教の権威は(神にして人、人にして神なる)イエスに結びついたが、イエスの権威はローマ法王に伝承されていくことになる。

カトリック教会という組織は、イエスから権威が来ているという伝承の上に立っている。イエスが弟子の一人のペテロに天国の鍵を渡したという。法王権はペテロの権限を引き継いだキリストの代官(Vicarius Christi)であるという思想が成立した。ゆえに、法王の権威は神授権(divine right)であり、秩序の原理は権威主義(authoritarianism)である。

ローマ法王の権威がヨーロッパを支配し、文化的に統一した。

中世カトリック教会は、国民生活を管理し、その認可権、裁判権は、俗人の結婚や遺言にまで及び、教会は秘蹟《ひせき》によって、生まれて洗礼を受けてから死ぬ前に終油《しゅうゆ》をつけるまで、全て教会が取り仕切った。一言で言えば、教会の権威がなければ、中世ヨーロッパでは、人は、生まれることもできず、結婚することもできず、死ぬこともできない有様であった。

中世において権威とは、教会、特にその頂点にある法王の権威であった。

キリスト教共同体(Corpus Christianum)の君主としてのローマ法王の権威は絶大であり、目も眩《くら》む、あるいはそれ以上のものがあった。

◆中世の教会は聖書を何故読ませなかったのか

しかし、中世ヨーロッパのキリスト教には信じられない大欠落があった。

第一に、中世カトリック教会は信者に聖書を読ませなかった。

信じられないであろう。キリスト教は、『福音書』(Gospel, Evangel)を啓典とし、『福音書』を含む聖書を、最高経典とする啓典宗教(revealed religion)である。そのキリスト教のカトリック教会が、『福音書』を含めて聖書を信者に読ませないのである。言語道断とも無茶苦茶とも何とも言いようもあるまい。

もちろん、イスラム教教育の第一義は、信者が『コーラン』を読むことであり、ユダヤ教教育の第一義は、信者にモーセ五書を読ませることである。中世カトリック教会に限って、賛美歌を歌ったり祈祷書を読んだりはするが、信者に聖書を読ませていない。あまりにも奇妙すぎることで、何とも驚く他はない。

何故に、これほどまで不思議なことが行われたのか。一つの理由は、四世紀末に確定したといわれる聖書の正典(canon)がギリシャ語で書かれていたからである。

ギリシャ語は、アラブ世界には奔流《ほんりゅう》のように入って行ったが、ヨーロッパにはほとんど入らなかった。

中世ヨーロッパの公用語はラテン語であったが、それすら、知っている人は極めて少なかった。そのラテン語訳すら、五世紀初頭にやっとヒエロニムス(三四七?~四二〇年)によってなされた。中世ヨーロッパにおける民の識字率は極めて低く、二%以下であったとの説もある。多くとも一〇%以下であったらしい。

英独仏伊などの各国語は、まだ成立していなかった。各国語は、実は、聖書の各国語訳によって成立したともいえる。これが、カトリック教会が信者に聖書を読ませなかった一つの理由である。

しかし、さらに大きな理由は、信者から聖書が遠ざかっているのをいいことに、カトリックが、キリスト教の教義をひん曲げてしまったことである。

聖書には、救済されるための必要十分条件は、イエスを信ずることだけであると記してある。その他に、修行、善行、……をしろとも何をするなとも一切合切《いっさいがっさい》少しも書いてない。

が、こんなことでは教会が困る。信者が皆、聖書を読んでイエスを信ずることに専念するならば、教会の権威は、雲散霧消してしまう。法王もカトリック教会も存続できなくなってしまう。

例えば、教会は、秘蹟《ひせき》(sacrament)という七つの儀式(洗礼、堅信、聖体、告解、終油、叙階、婚姻)で教会が信者の救済を保証してやっていると教えている。

しかし、聖書のどこにも、秘蹟の話なんか出てこない。信者に聖書を読ませたら最後、秘蹟なんか救済のために少しも必要のないことがバレてしまう。

それにもう一つ。イエスは、ペテロを初代法王に任じたまわり、今の法王はその後継者であるとカトリックはいう。しかしこれは、カトリック教会の単なる伝承にすぎず、聖書には書いてない。このことがバレたら、法王の権威は色あせる。

キリスト教は、これほどまで、その啓典である聖書から遠ざかっていたものだから、その腐敗は急速であった。権威はイエスから発生し、ローマ法王に伝えられ、それが宗教改革によって粉微塵となった。とは言っても、その権威が全く消滅したのでもない。プロテスタントの権威もまた多く出現した。これらの宗教的権威が、近代に成立した絶対君主の権威と複雑に交錯した。

これが欧米における権威の原型《プロトタイプ》である。

近代資本主義と近代デモクラシーの進展に伴って右の原型から諸権威が発生したが、その発育様式は、原型に基づくであろう。

3 社会科学の最重要概念——必要条件と十分条件

◆数学征服の鍵は必要条件と十分条件の理解にあり

ここで、必要条件 (necessary condition) と十分条件 (sufficient condition) について述べておく。数学に突入し突破するために、これほど肝要なことはない。それでいて、実はこれを理解することは、大変困難なのである。

高木貞治《ていじ》博士(一八七五〜一九六〇年)は、「高等学校の学生(生徒ではない、ことに注意!)に必要条件と十分条件を理解させることは困難である」と述懐したことがあった。

この短い文章の読み方には、コメントが必要である。「高等学校」とは、今の高等学校ではない。明治時代は全国に、一高から七高まで七つしか高等学校はなかった。

明治四一(一九〇八)年、名古屋に八高ができたとき、名古屋市民は躍り上がって喜んだ。八高生も、「尾張名古屋は城(名古屋城)では持たぬ。八高健児の意気で持つ」と喜んだ。この時代、高等学校に合格するのは、全国にも名だたる抜群の秀才に限られていた。

それほどの抜群の秀才に対してさえ、「必要条件」「十分条件」を理解させることは、教授(教諭ではない)にとって、大変困難であった。教授は、ここは特に大切なところであると、丁寧に念を入れて教えたとしても、結局は無駄なのである。

授業中は分かったつもりで試験には合格しても、いつの間にか忘れて、遂に、何のことなのか、さっぱり分からなくなってしまう。それが現在となると、どうなのか。

大学入試のためにのみ大切だと、「必要条件」も「十分条件」も詰め込んでみても、入試に合格したが最後、大概の人の頭からはきれいに蒸発してしまって、まるで「風《ふう》する馬牛《ばぎゅう》も相及《あい》ばざる」(自分とは関係のない態度をとる)有様である。これこそ、数学不振の最大の原因の一つであるまいか。「必要条件、十分条件」こそ数学征服の鍵である。これさえ分かれば、数学も克服できる。

では、話を始めようか。

犬は四本足である。

という命題(文章)があったとする(この命題［proposition］は正しいとする)。

このとき、

「犬である」ことは、「四本足である」ことの十分条件である。

「四本足である」ことは「犬である」ことの必要条件である。

これで話は終わりである。英語で言ってみれば、That's all. なのである。

言ってみれば、これだけ理解することが、今の話の必要十分条件なのである。と言ったところで、話が分からなかったら大変である。敷衍《ふえん》していく。いや、ここまでで本当に分かった人は、神様に感謝して、すぐ退場して下さってよろしい。でも、その「分かった」(よく理解した)というのは、本当は錯覚でしょうな？　統計を取ってみたって、一〇万人に一人もいないんだから。

例えば、哺乳類というものを考えてみよう。人間は全て哺乳類であるから、「人間である」ということは、哺乳類であるための十分条件である。では、犬はどうかと言えば、犬だってやはり哺乳類であるから、「犬である」ということは哺乳類であるための十分条件。同様に、猫も熊もライオンも虎も、そして鯨だって哺乳類であるための十分条件である。

こうして考えてみると、哺乳類であるということに関しては、十分条件がずいぶん沢山あることが分かる。しかし、哺乳類であるためには、人間でなければならないということは決して言えないのだから、「人間である」ことだけが、哺乳類であるための必要条件とは言えない。同じく犬も猫も熊も、どれか一つだけが必要条件であるとは言えないわけだ。「哺乳類である」ための必要条件としては、やはり、ずいぶん沢山の諸条件が挙げられる。

いや、例が多すぎた。万一、誤解があると困るので、念のために鮮明な例を追加しておく。

正方形であれば長方形である。

ゆえに、正方形であることは長方形であるための十分条件。

長方形であることは、正方形であるための必要条件。

公式的に言うと次のようになる。

いま、p、qを命題とする。p、qは正しいとする。

pならばqである（$p \to q$と書く）とする。

このとき、pはqであるための十分条件。qはpであるための必要条件。

問　必要条件の例を挙げよ。

答　例1「三角形である」ことは「二等辺三角形である」ための必要条件。

例2「二等辺三角形である」ことは「正三角形である」ための必要条件。

例3「四辺が等しい」ことは「正方形である」ための必要条件。

（注意：四辺が等しい四角形は菱形か正方形である）

例4「$x>2$である」ことは「$x>5$である」ための必要条件。

例5「四本足である」ことは「猫である」ための必要条件。

例6「人間である」ことは「日本人である」ための必要条件。

問　十分条件の例を挙げよ。

答　例1「$x=1$である」ことは「$x^2=1$である」ための十分条件。

例2「象である」ことは「四本足である」ための十分条件。

例3「菱形である」ことは「平行四辺形である」ための十分条件。

例4「xが正である」ことは「xが負でない」ための十分条件。

例5　「日本人である」ことは「人間である」ための十分条件。

◆必要十分条件とは何か――「同値」の定義

必要条件（necessary condition）であり、かつ十分条件（sufficient condition）である条件を、必要十分条件（necessary and sufficient condition）と言う。あるいは、必要かつ十分な条件とも言う。

例えば、二等辺三角形であることは、二等角三角形であるための必要（かつ）十分な条件である。こうも言える。

二等辺三角形は、二等角三角形であるための必要十分条件である。
角が直角であることは、四辺形が長方形であるための必要十分条件である。

pならばqで、かつqならばpのとき、pをqの必要十分条件という。このとき、qもpの必要十分条件である。

このことを、$p \Leftrightarrow q$と書く。

pとqとが必要十分条件のとき、pとqとは論理的には、全く同じことである。

pとqとは、同値(equivalent)である、という。

生徒　論理的に全く同じことであるとは、一体全体、どういうことですか。

先生　言い表し方が違っても、論理的には同じことであるということです。どちらからどちらをも導出できる(導き出せる)ということなのです。

生徒　数学的には同じということなのですか。

先生　ズバリ、まさにそうなのです。

　二等辺三角形とは二辺の長さが同じ三角形という意味です。それだけのことであって、角については何も言っていません。定義だけからすれば角は何であってもよい。どんな角になっても、文面上は文句は言えないわけです。

　ところがどうでしょう。二等辺三角形の二つの角は、その大きさが等しくなってしまいます。

生徒　定義とは違うという理由で、二つの角が等しくなることを拒絶はできないのですか。

先生　できません。論理を進めていくと、どうしても、必ず、二つの角は等しくなってしまうからです。

生徒　まさに、論理専横《ろんりせんおう》というものですね。定義と違っても、そんな横暴が許せるのですか。

先生　いや、定義と違ってはいません。定義は角については何も言っていないのですから、定義上は、二角は、等しくても等しくなくてもいいのです。どちらでもよいのです。

生徒　どちらでもいいから、「等しい」というほうを取るわけですか。

先生　まさにそうです。論理の進み方は自由です。禁止されない限り、どこへ行ってもよいのです。

生徒　禁止って何ですか。

先生　前もって決まっていること（あらかじめ定義されていること）との矛盾（contradiction）です。これだけは許されませんが、これ以外には、どこへ行こうと、論理は自由なのです。

生徒　なるほど、そういうわけなんですか。「二等辺三角形」とは、二辺の長さが等しいと言っているだけであって、確かに、角については何も言っていませんね。

先生　大きさが等しいとも等しくないとも言っていないから、「等しく」ても定義に違反しません。他方、論理は、途中で矛盾に遭遇することなく「二角は等しい」という結論に到達したわけです。

ゆえに、「二等辺三角形の二角は等しい」つまり、「二等辺三角形は二等角三角形である」という命題が成立します……(1)

また、「二等角三角形は二等辺三角形である」という命題も成立します。……(2)

(1)と(2)と、これら二つの命題が成立しますから、「二等角三角形は二等辺三角形であるための必要十分条件である」となります。つまり、「二等辺三角形である」という命題（proposition＝文章）と「二等角三角形である」という命題とは、同値なのです。

ご覧のとおり、「二等辺三角形である」という命題と、「二等角三角形である」という命題とでは、違った文章です。また、「辺の長さ」と「角の大きさ」とは違った現象です。文章も現象も違いますが、「二等辺三角形である」という論理と「二等角三角形である」という論理は同じなのです。

では次に、四等辺四角形と四等角四角形についてはどうだろう。これは同値ではあり得ない。なぜなら、四等辺四角形には正方形の他に、正方形ではない菱形があるわけだし、四等角四角形には正方形と正方形ではない長方形があるのだから。同値という数学用語ではもう一つピンとこないかもしれないが、実は何のことはない。同値とは、二つのことが論理的に全く同じことを意味しているというだけのことなのだ。このように数学など、分かった気にさえなれば、簡単に分かってしまうわけである。

どちらか一方が成立する（正しい）ならば他方も成立する。これと同じことで、高木貞治博士の『解析概論』（岩波書店、一九三八年、さらに一九六一年に改訂第三版が刊行され、現代口語に「翻訳」された）のはじめに出てくる四つの定理は、みんな同値なのである。どれか一つが成立すれば他の三つも成立する。

これら四つの定理は、文章も表現も、目の前に出てくる現象も、一見、まるで違っていることに、特に注意されたい。

column

循環論も正しい!!

高木博士の『解析概論』は、日本語の文語から口語に翻訳されたほどの古今東西に珍しい名著である。その第一章のはじめに出てくる四つの定理

定理1　デデキントの定理
定理2　ワイエルシュトラスの定理
定理6　単調有界な数列は収束する定理
定理7　区間縮小法

は、みんな同値(equivalent)なのである。どの一つからでも他の三つは導出できる。

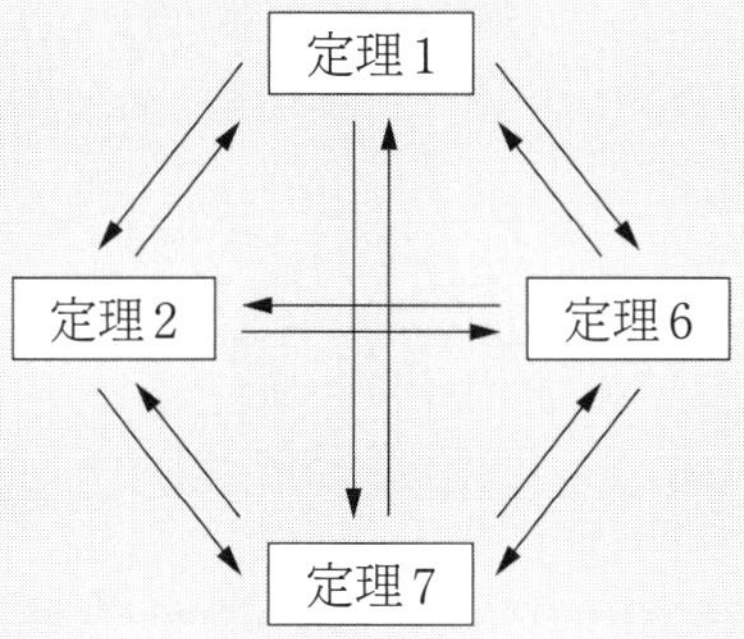

どれか一つを公理として要請すれば、他の三つは定理として証明ができるのである。そして、『解析概論』に記載されている他の全ての諸定理は、そこから演繹《えんえき》的に証明されるのである。

これら四つの定理(四命題)の証明の仕方は、循環論(circular reasoning)と同じ構成を持つ。ゆえに、ちょっと昔の西洋人ならば、顰蹙《ひんしゅく》した(嫌った)かもしれない。しかし、数学の証明のやり方が知れわたることによって、これでも少しも差し支えのないことが明らかとなった。

要するに、どれか一つの命題(定理)を公理として要請《ポステュレイト》すればよいことではないか。これに尽きる。

さて、以上、必要条件、十分条件、必要(かつ)十分な条件について述べてきた。これらは一見、この上なく簡単明瞭である。それでいて、これらを本当に理解し、自由自在に駆使することは困難である。

また、この考え方を、広く流布して多くの人々に慣用させることも困難である。必要条件、十分条件、必要十分条件は論理学の中枢であるのに、これを中枢とする形式論理学が十分に広がったのは、数学が躍進をはじめた近代資本主義においてであった。

何故か。

あまりにも厳重な論理学の適用は、ややもすれば、人々を敬遠させたからである。

◆著名な経済学者が陥った「論理矛盾」

いくら単純明快であっても堅苦しいと敬遠されても困る。

ちょっと私の体験談を述べておく。

ある経済学者の会合で、「経済学を研究するためには、数学は必要不可欠である」ということを色々と例を挙げながら話したことがあった。すると、講演が終わった後で一人の高名な老経済学者が私のところへやってきて、こう言った。

「君はそんなことを言うが、数学をどんなに勉強したって、それだけでは経済学研究のためには十分でない」と、向こうも色々と例を挙げて、「そういうわけで、僕は君の意見に賛成することはできない」と言うのである。そこで、すかさず私は、「先生のおっしゃることは、誠にお説ごもっともです」と答えた。

と、今度は「何だ、君はたちまち自説を撤回するのか。無節操極まりない」と畳みかけてきた。

しかし、必要条件と十分条件ということを頭に置いて考えるなら、私の主張は全く矛盾していないことがすぐに分かる。私が言ったのは経済学の勉強における数学の必要性であり、それに対して、その教授が言ったのは、それだけでは十分ではない、ということなのだ。必要であることと、十分でないこととは、何ら矛盾しないのである。

◆ソビエト帝国崩壊の原因

必要条件と十分条件とをよく理解しておくことは数学的に重要であるだけでなく、経済学的にも社会学的にも、ずっとずっと大切である。

「ソビエト帝国の崩壊」こそ二〇世紀最大の事件であると見なす人が多い。何しろ、それとともに、あれほど吹きすさんでいたマルクシズムの革命の嵐もピタリと治まったのだから。

では、何故ソビエト帝国は崩壊したのか。その原因の探求となると、一冊の本、いや数冊の本を書いたって足りることではあるまい。筆者自身はソ連の崩壊の必然を早くから気づいて世に問うてきた(拙著『ソビエト帝国の崩壊』光文社、一九八〇年、などソビエト・ロシアの一連の研究)。

しかし、重大な原因の一つを挙げよと言われるならば、著者はためらわず、「マルキストが実はマルクスの学説をよく理解していなかったからである。特に、必要条件と十分条件の違いを理解していなかったからである」と言いたい。

以下、敷衍《ふえん》して説明していこう。

マルクスは、資本主義には失業が出ると言った。産業予備軍説という学説を展開して、資本主義には必ず失業が出ることを証明したのであった。マルクスの時代、いや、その後もずっと、ケインズが出現するまで、古典派が全盛を極めていた。古典派(the classical school)とは、アダム・スミスを始祖とし、リカードを頂点とし、ミルを経て、マーシャル、ピグーに伝わる経済学派である。多くの偉大な経済学者を生み、世界経済学の主流をなした。

古典派の学説の要点を一言で言えば、「自由市場はベストである」ということにある。つまり、政府は何の干渉もせず、市場を自由放任にしておけば、全てはうまくいく、不都合は起きない、ということだ。全てがうまくいって不都合は起きないというのであるから、失業なんていう不都合が起きるわけはない。

これが、当時全盛を極めた古典派の主張であった。

ところが、マルクスは、敢然として古典派の主張を批判した。彼は、自由市場がベストであるとは言えない、市場を自由放任にしておけば全てがうまくいくとも言えない、と説いた。

確かに、資本主義の自由市場は、高い生産力を発揮し、巨大な富(資本主義以前の全ての経済の富を総計したより大きな富)を生むであろう。しかし、この巨大な富は不公平に配分される。一部の資本家は途方もない大金持ちになる。他方、大多数の労働者は極貧に突き落とされて苦しみ藻掻《もが》く。

さらに苦しむのが失業者である。自由市場は、必ず失業者を生み、失業者は塗炭《とたん》の苦しみにのたうち回る。「失業者」と言っても、現代の失業者とは、想像もできないほど違う。失業保険も生活保護も全く考えられない時代のことである。「失業とは死ぬことと見つけたり」と言っても、あまり遠くはない。

世に全盛を極める古典派は、資本主義に失業はあり得ないと主張した。マルクスに限って（当時、ケインズはまだ生まれてもいなかった）、資本主義に失業は必ず出るということを発見したのであったから、その功績は大きい。

資本主義に失業は必ず出る。

では、失業をなくするためにはどうすべきか。

資本主義をなくすることである。資本主義でなくすることである。資本主義を倒すことである。資本主義を打倒することである。「をなくする」「でなくする」、……、「を倒す」「を打倒する」等々、表現は多いが意味は同じである。資本主義のままでは、どうしても失業は出る。ゆえに、失業をなくするためには、資本主義をなくさなければならない。

この命題は、当然、マルクスの学説から出てくる。つまり、「資本主義をなくする」ことは、「失業をなくする」ための必要条件である。論理的に、このことをしっかりと腑に落とし込んでおかれたい。論理的には、マルクスの言っているのは、このことだけなのである。

それにしても、当時の失業者の苦しみは激しい。餓死した人だって、おそらく存在しただろう。大恐慌時代の米国の記録を読むと、餓死寸前の人々が多数いたことが発見される。そのうえ、誇り高きプロテスタントは、最後まで乞食はしなかったと記されている。記録のないところで多くの人々が餓死していたかもしれない。

こんな失業者にとって、「失業をなくするために資本主義をなくせ」というスローガンはどんなに快く響いたことか。マルキストは絶叫し、多くの人々がこれに共鳴してマルクシズムに入信した。

論理的には、「失業をなくするためには、資本主義をなくさなければならない」ということと、「資本主義をなくせば失業はなくなる」ということとは違う。しかも、「資本主義をなくすこと」は「失業をなくす」ことの十分条件であるとはマルクスは言っていない！

マルクスの理論から論理的に言えることでもない！　マルキストはここに気づかなかった。あるいは気づいても、故意に無視して知らないふりを決め込んだのか。

「失業をなくするために資本主義をなくせ」と絶叫したマルキストも、「しかし、資本主義をなくしたからといって失業がなくなるとも限らないぞ、用心しろ」とは一言も言わなかった。

この時代、革命はまだ起きず、多くの失業を抱えつつも、資本主義はまだ全盛を誇っていた。「資本主義がなくなった社会がどうなるか」について、人々の関心は、あまり向けられてはいなかった。

とはいえ、マルキストは、あまりにも、「失業をなくするためには資本主義をなくさなければならない」という主旨のことを唱えすぎた。人々は、何だか、「資本主義をなくしさえすれば失業はなくなる」というような気になってしまった。世の人々の多くは、必要条件と十分条件の違いには、あまり関心はない。心は、宗教心理学的に動く。

宗教心理学的な心の動きとは、「何も言っていないこと」は、良いほうに解釈してしまうという心の動きである。マルクスは、資本主義がなくなった経済、例えば社会主義経済において失業がどうなるかについては、何も言っていない。

だから、マルクストは、資本主義がなくなった経済、例えばロシア革命（一九一七年）後のソビエト経済においては、戒心（用心、警戒）しなければならないはずであった。

そのはずであったのに、革命後のマルキストは何の用心もしなかった。大衆と同じく、宗教心理学的に心を動かしてしまったのであった。マルクスは何も言っていないのだから、社会主義経済はうまくいくだろう。失業なんか出ないだろうと思い込んでしまったのであった。

宗教心理学的とは、例えば、キリスト教の「神の国」について、イエスは、喩《たと》え話を多く語っているだけでそれがどんな国であるかは何も言っていない。『コーラン』とは違って「神の国」について具体的には一言も述べられてはいない。

が、それであればこそ、人々は、「神の国」は理想的な生活が待つ国であるに違いないと思い込んでしまう。そして、来《きた》るべき「神の国」に、何とかして入れてもらおうと努力する。

法華経も同じことである。最高のお経であると言われているから、そこには最高の哲理が書いてあるだろうと誰しも思う。が、実は何も書いてないのだ。

こういう立場でマルクスを読んだために、ソ連の人々は、指導者も含めて、社会主義に失業はあり得ないと思った。思っただけではない。そのように信じ切った人々を裏切るわけにもいかないと思った。

ところが、どういたしまして！　社会主義経済にも失業はあり得る。

失業が出るかどうかは、セイの法則(Say's law)が成立するかどうかにかかっている。「セイの法則」とは、供給が必ず需要される(Supply creates its own demand.　生産したものは必ず売れる)という法則である。

セイの法則は、資本主義経済でも、成立する場合(古典派モデル)があり、成立しない場合(ケインズ・モデル)もある。社会主義経済においても、成立する場合もあり、成立しない場合もある。

ゆえに、セイの法則が成立しなければ、社会主義経済であっても、当然、失業は出る(森嶋通夫『思想としての近代経済学』岩波新書、一九九四年、二四〇頁参照)。

例えば、社会主義経済において、企業の生産物を全て国家が買い上げるというシステムが健全に機能していれば、セイの法則は成立して失業は出ない。が、そうでなければ、失業はあり得る。

それでは、マルクスは資本主義経済において、セイの法則は成立すると思っていたのか、成立しないと思っていたのか。マルクスは一方では、「これはセイという未熟な男の戯言《たわごと》である」と言っていながら他方では、再生産図式を論ずる際には、セイの法則は成立すると仮定している。こんな矛盾を犯すくらいであるから、マルクスはセイの法則には精通していなかったと思われる。

いずれにせよ、社会主義経済に失業が発生すればどういうことになるか？

社会主義に失業はないと世の人々は思い込んでいる。社会主義の指導者たちは、そのように宣伝してきたと思い込んでいる。どっちみち、社会主義に失業を出すわけにはいかない。それでも失業は出る。そんなときはどうする？

ある失業も、ないことにするほかなくなったのである。社会主義の悲劇である。失業者を無理矢理に企業に押しつけて雇わせる。企業は、必要でもない人員を無理に雇わされるのだから、嫌だけれども社会主義政府の命令だから断るわけにはいかない。

こんな人員は、「潜在的失業者」である。資本主義経済ではあり得ないが、社会主義経済ではあり得る。潜在的失業者は、企業にとって不必要で何も仕事がない。ブラーリブラーリと働いたことにして遊んで暮らすしかない。しかし、給料は払わなければならない。要りもしない労働者に給料を払うのだから企業は文句を言う。こんなことでは採算が合わないようになって、仕方がありません、と。

政府は止《や》むなく助成金を出さざるを得なくなる。助成金の金額は、年々大きくなるばかり。あまりにも大きな助成金の重みで、社会主義国の財政は破綻した。

◆必要条件と十分条件の念のためのまとめ

必要条件と十分条件は、数学の論理を自由自在に駆使するには不可欠な要素であるのはもちろんだが、社会科学にとっても最も重要な概念なのである。

この違いが分からないがために、国を滅ぼした者もいる！

これのみで数学の効用まさに知るべし。
さらにもう一度、必要条件の定義を示しておく。

Aが成り立てば、必ずBも成り立つとき、そのAに対するBのことを必要条件という。すなわち、Bという命題が成り立たなければ、必ずAという命題も成り立たない。

長方形であること（B）は、正方形であること（A）の必要条件である。
哺乳類であること（B）は、猫であること（A）の必要条件である。

次に十分条件である。
Aという命題が成り立てば、それだけで必ずBという命題が成り立つとき、AはBの十分条件であるという。AはBの集合の中に包含《ほうがん》されるというイメージである。

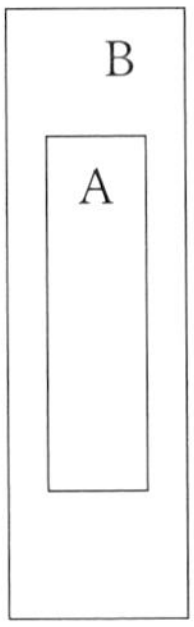

具体的に例を挙げておく。

正方形であること(A)は、長方形であること(B)の十分条件である。
猫であること(A)は、哺乳類であること(B)の十分条件である。

分かってしまえば、単純至極のことのようにも感じられる。が、どういたしまして！
「私は授業でよく説明してもらったのでよく分かっている」などと嘯《うそぶ》く人もいるが、大概は放言である。

ここで、お気づきの方もいらっしゃるだろう。この二つの関係は、

AがBに対して必要条件ならば、BはAに対して十分条件である。
AがBに対して十分条件ならば、BはAに対して必要条件である。

ということなのだ。

公式や図式を頭に入れておくことは、「必要条件」「十分条件」を本当に理解するためには、必要

である。が、十分ではない。滑らかに使いこなせるようになっていないと、本当に理解したとは言えないのである。

4 対偶の論理——何かがうまくいっていないときのおすすめ発想法

◆対偶・逆・裏とは何か

手っ取り早く使えて、驚くほど効果のある数学的概念として、対偶(contraposition)がある。対偶!? さて、どこかで聞いたことのあるような気もするけど、忘れた。大概の人は、こう答えるだろう。日本人にはどこかしら馴染みのない概念なのだ。他方、欧米人は論理を重視する。対偶を縦横無尽に使いこなすことは日常茶飯なのである。

このような思考や論争に絶大なる威力を発揮する術でありながら、数学教育ではどういうわけか軽視されている。しかし、経済や社会にとってもっともっと活用されるべき発想である。まずは、分かりやすい例を挙げて説明したい。

猫は動物である。

この文章（命題という。以下、同じ）をまず考えてみよう。対偶は、

動物でなければ猫でない（非動物であれば非猫である）。

となる。元の文章が正しければ（これを「正」という）、対偶は正しい。一般的に書き直せば、「AはBである」とすれば、その対偶は「BでなければAでない」となる。正と対偶は同値（equivalent）である。元の命題を証明する代わりに、対偶を証明したって同じことである。

「逆」「裏」ということについても説明しておこう。逆とは「BはAである」、すなわち、ある命題の主語と述語とを入れ替えた命題が逆となる。猫の例では、

動物は猫である。

となる。この命題は成立するか？　ある命題が正しくても、その命題と逆の命題は正しいとも限らない。「逆は必ずしも真ならず」の標語にあるとおりなのである。

また、「二等辺三角形は二等角三角形である」という正の命題があったとして、その逆は「二等

角三角形は二等辺三角形である」となる。これは成り立つだろう。このように、ある命題が正しいとき、その逆の命題は、正しくないときもあり、正しいこともある。

裏とは、「AでなければBでない」と表せる。例えば、

猫でなければ動物でない。

となる。裏も成り立つ場合と成り立たない場合がある。

ただし、逆の命題と裏の命題だけを取り出して考えてみた場合には、逆を正とした場合、裏は対偶という関係になっているから、逆の命題が成り立てば裏の命題も必ず成り立ち、逆が成り立たなければ裏も成り立たないということが言える。言い換えれば、正と対偶は同値関係だが、逆と裏も必ず同値関係にあるということである。

◆経済がうまくいかないときの発想法

ある命題が真であれば、その対偶の命題も真である。ある命題が偽であれば、その対偶も偽である。元の命題と対偶の真偽は一致する。一方が真であれば他方も真である。一方が偽であれば他方も偽である。

欧米の学者は、数学的用語に習熟しているせいか、何かものを考えたり、議論したりするとき、割合に平易に対偶に手を伸ばして自由に使いこなしている。前提と帰結をひっくり返したり、否定をしたりすることを、割合に自由に行っている。

歴史的に有名な例としては、ケインズ・ピグー論争のときのアーサー・セシル・ピグー(イギリスの経済学者、厚生経済学の始祖、一八七七〜一九五九年)の論理である。

古典派経済学の最も基本的な命題は、

市場を自由競争に任せておけば、経済はうまくいく。

というものである。この命題の対偶をとれば、

経済がうまくいかなければ、市場は自由競争に任せられていない。

となる。この論争の舞台は一九三〇年代、大恐慌時代である。ときに、膨大な失業者が発生した。古典派の教義によれば、市場を自由競争に任せておけば(自由放任主義[laissez-faire])、「経済はうまくいく」すなわち、「経済がうまくいかないことはない」ということになる。「失業が出る」ということは、もちろん、「経済がうまくいかない」ことである。

対偶をとれば、当然、「市場は自由競争に任せられていない」ことになる。ピグー教授は、古典派経済学の領袖《りょうしゅう》（かしら）である。彼は失業の原因を、市場が自由競争に任せられていないことに求めた。

「市場が自由競争に任せられている」とは、「全ての市場が自由競争に任せられている」という意味である。先ほどの全称命題、特称命題の話を思い出してもらいたい。

自由競争に任せられていない市場が一つでもあれば、「市場が自由競争に任せられている」という命題は成立しない。そうすれば、古典派の教義の対偶において、「経済はうまくいく」の否定「経済はうまくいかない」の必要条件が成立する。つまり、失業が発生してもおかしくない。

これが、古典派の代表ピグーの論理である。誠に、理路整然たるものがあるではないか！

そこで、この論理を貫徹させるためにピグーは、自由競争に任せられていない市場はないものかと、鵜《う》の目鷹《たか》の目で、懸命に探しにかかった。

そうしたら、見つけた！　ここにあった。自由競争に任せられていない市場を、ピグーは遂に発見したのであった。

労働力市場である。労働力も商品だけれども、労働力の価格（wage rate［賃銀率］）は自由には動かない。イギリスは、資本主義の最先進国であったが、資本主義とともに労働組合も発達した。当時、労働組合の最先進国でもあった。

労働力市場が自由競争に任せられていれば、失業が出れば賃銀率は下がる。賃銀率が下がれば、企業は労働力の需要(demand)を増やす。労働者は労働力の供給(supply)を減らす。その結果、失業(者の数)は減る。それでもなお失業が残っていれば、賃銀率は、また下がる。以下、同様な過程が進行して、結局、失業者はいなくなるであろう。

自由競争に任せられていれば、このように作動して失業はなくなる。しかし、現実にはどうか。労働組合があり、失業が出ても賃銀率は下げさせない。あくまでも、元のままの賃銀率を維持しろと要求するはずだ。そのために、下がるはずの賃銀率は下がらない。

賃銀率が下がらないのだから、企業による労働力の需要も、労働者による労働力の供給も、元のままである。価格変動による需要供給の調整機構が動かないのである。そのために、失業が減ることもなく、元のままで放置されることにならざるを得ない。

このように、ピグー教授は、市場が自由競争に任されていないことに失業の原因を求めた。ケインズ・ピグー論争自体の検討は、長くなるのでこの場では割愛しておく。

ピグー教授の対偶の使い方は手本にしてもよい見事なものである。米英人は、このようなタイプの議論をすることが好きなのである。彼らが当たり前だと思っている、あるいは、絶対に主張したい命題があるとする。そうすると当該命題を表に立てるのではなく、さりげなくその対偶を証明する。これで目的は達成されるわけだ。

◆米国の金融危機への対処

一九八〇年代後半に、米国で金融機関の大量倒産が始まった。年間二〇〇行もの銀行(S&L)が破綻する中で大銀行の経営は揺さぶられ、米国の金融制度そのものが危機に直面した。

「自由市場は全てよし」という命題が、敬虔《けいけん》な資本主義者である多数の米国人の信条である。ゆえに、対偶(contraposition)をとって、「良からぬこと」が起きるのは「自由市場」ではないから、ということになる。

では、どの市場が自由ではないのか。金融危機に直面した米国のエコノミストは、鵜の目鷹の目で市場の自由を阻害している要因を探し求めた。

そうすると、あった! 過大な預金保険制度の存在こそが市場の自由を阻害して市場による選別・淘汰《とうた》機能を低下させているのである!

市場の選別・淘汰機能を機能させるには、情報開示(disclosure)を充実させ、預金者や投資家により金融機関をチェックさせる必要がある。預金者や投資家のチェックによる金融機関の選別、つまり市場の機能回復が「良い」というのである。

米国の預金保険制度は、一九三〇年代の大恐慌時代に発足した。大恐慌で多くの銀行が破産して取付が広がったので、政府機関が預金支払いを保証することで預金者を安心させ、銀行制度を維持するためにできたのであった。はじめに連邦預金保険公社(FDIC)が、一九三三年に設立され、活動を始めた。米国の銀行制度は預金保険制度によって救われたといっても、それほど過言ではない。が、それ以降、預金保険制度は、しっかりと米国の金融システムに住みついた。

この預金保険制度の下、その後、金融機関は次第に杜撰《ずさん》な経営に走っていった。いわゆるモラルハザード（道徳の欠如）の発生である。

金融機関は預金保険による保証によって潰れることはないことをいいことに、高金利で大量の預金を集め、危険の大きい投融資を行っていた。景気が後退へ向かい、土地などの資産価格が下落し、行き詰まる融資先が激増し、金融機関には巨大な不良債権が残った。そのうえ、貸出金利が急降下し、預金者への高金利との大きな逆ザヤが発生し、大赤字となった。

これを見た米国のエコノミストは、「不良債権という良からぬこと」は何故生じたのかと、市場の自由の阻害要因を、対偶をとって考え抜いて、過大な預金保険制度を探り当てて、これを「良からぬこと」の原因と指摘したのである。

レーガン政権は一九八〇年代半ばに、預金保険制度の大整理に着手した。金融機関も預金保険に頼り切った経営方針のリストラクチャリングを迫られた。この結果、不良債権を減らすことに成功した米国は金融危機を脱したのである。

日本では、いまだに膨大な不良債権を抱え、これが景気回復を阻む最大の原因になっている。対偶の使い方が分からないと、このような羽目になるのである。

これにて対偶の効用が如何に絶大なことかお分かりになったであろう。

第5章

数学と経済学

経済理論を貫く数学の論理

1

ちょっぴりの数学で理論経済学の極意が分かる

生徒　一所懸命に数学を勉強したら効用がありますか。

先生　確かにあります。

生徒　ほんのちょっとの数学でも効用がありますか。

先生　あります。使い方によっては絶大な効用があります。

生徒　どこに使えば、そんな絶大な効用があるのですか。

先生　経済学の理解に使えば、すぐさま絶大な効用がある！　数学の本質が分かれば、ほんのちょっぴりの数学で一気に経済学のエッセンスに迫ることができます。方程式と恒等式の違いが本当に分かっているだけでも、経済学のエッセンスが分かるのです。

生徒　へえ！　これは驚いた。では、一気にやってみて下さい。

◆方程式と恒等式

先生　OK。じゃ、やってみせましょう。ほんのちょっぴりの数学だけど、徹底的に理解して下さい。方程式(equation)って知っていますか。

生徒　知っています。

先生　では、恒等式(identity)は？

生徒　聞いたことはあるけれど、忘れました。

先生　両方とも、中学校で教えてあるはずです。復習しましょうか。まず、例を挙げます。

$x-2=0$……………(1)

$x-1=3$……………(2)

$x^2-5x+6=0$……(3)

などが方程式です。(1)式は、$x=2$のときに成り立つ。(2)式は$x=4$のときに成り立つ。(3)式はどうかな。

生徒　えっと。忘れましたね。でも、頑張って思い出せるかな。そう、思い出した。

$$x^2-5x+6=(x-2)(x-3)$$

と因数分解できるんだったっけ。そうすると、(3)式の左辺は$x=2$または$x=3$のときに0になるから、この式は成り立ちます。

先生　「因数分解」なんて高尚なことをよく思い出した。よろしい！　褒めてつかわす。では、練習問題。

$x-5=0$……(4)　解は$x=5$

$x+2=5$……(5)　解は$x=3$

$x^2-6x+8=0$……(6)　解は$x=2$または$x=4$

$x^3-6x^2+11x-6=0$……(7)

問題(7)は難しい。$x^3-6x^2+11x-6$を$(x-1)(x-2)(x-3)$と因数分解すると、(7)式の解は、$x=1$, $x=2$または$x=3$であることが分かる。

生徒　なるほど。方程式とは何かを思い出しました。ありがとうございます。方程式とは、xが1だとか2だとか3だとか、ある特定の数値のときにだけ成立するんでしたよね。

先生　そうです。その特定の数値のとき以外には成立しません。「特定の数値のときにだけ成立する」というところが大切です。

生徒　方程式にはそんな意味があったのですか。学校ではよく習わなかったので、方程式が出てきたら、闇雲に解けばいいんだとばかり思い込んでいたのです。

先生　「ただ闇雲に解く」と言ったところで、果たして解けるんですかねェ！　「解く」なんて言ったって、そんなことに意味のない数式もあるんですよ！

生徒　え！　解くことが無意味な方程式があるんですか！

先生　方程式じゃありません。恒等式という式です。

生徒　恒等式って何ですか？

先生　中学校で確かに教えているはずです。ま、復習しておきましょうか。

$$x+1=1+x\cdots\cdots\cdots\cdots\cdots\cdots(1)$$

$$(x+1)^2=x^2+2x+1\cdots\cdots\cdots(2)$$

$$(x-2)(x-3)=x^2-5x+6\cdots\cdots(3)$$

は恒等式です。

生徒　方程式と、どう違うのですか。

先生　$x+1=1+x$ をよく御覧なさい。x がどんな数値のときにも成り立つでしょう。

生徒　確かに、$x=1$のときでも、$x=5$のときでも、$x=1000000$のときでも、$x=-5$のときでも、$x=1/3$のときでも成り立ちますね。

先生　そこがポイントです。$(x+1)^2=x^2+2x+1$も$(x-2)(x-3)=x^2-5x+6$でも、xがどんな数値のときにも成り立つでしょう。試しに、いろいろと入れてみて下さい。

生徒　いろいろ入れてみました。$x=1$のときにも、$x=2$のときにも、$x=10$のときにも、(2)式は左辺も右辺も、4と4、9と9、121と121。また、(3)式は左辺も右辺も2、0、56となります。なるほど分かりました。で、恒等式と方程式とは、式が似てても、どう違うのですか？

先生　方程式は解く(solve)。つまり、解を求めるのです。$x-2=0$を解けば$x=2$が得られますが、これが解(solution)です。根(root)とも言います。$x^2-5x+6=0$なら、因数分解して、$(x-2)(x-3)=0$として、$x=2$または$x=3$が解です。

生徒　解とは、「その数値のときに、当該方程式が成り立つ数値」という意味なのですか。

先生　そう、まさしくそうです。

生徒　恒等式(identity)は解かない、とはどういう意味なのですか。

先生　恒等式は、恒《つね》に等しいですから、解きようがありません。

生徒　「解きようがない」とは、「その数値のときに、当該方程式が成り立つ数値」が求められないという意味ですか。

先生　いや、そうではありません。恒に等しいですから、そんな数値を求めようとすることが無意味であるという意味です。

生徒　「解く」のが無意味であるのなら、一体全体、何をやれというのですか。

先生　証明しろ(prove)というのです。

生徒　へえ！　何を証明するのですか。

先生　確かに等しいことを証明するのです。

生徒　でも、方程式を証明したり、恒等式を解いたりする人もいませんか。

先生　そんな生徒が出現(advent)するのは教師が間違っているからです。そんな生徒が出るのでは、数学教育は崩壊している証拠です。「方程式を証明する大学生」「恒等式を解く大学生」という本を出版すれば、売れるでしょうな！

生徒　方程式と恒等式が分かれば、どんな効用があるのですか？

先生　理論経済学が理解できます！

生徒　え！　何ですって。「理論経済学」(the theory of economics)なんて難解無比で、天下の大秀才ですら分からないって聞いていますが。

先生　それが、理論経済学があなたにも分かるのです。

生徒　本当ですか。信じられない。

先生　仏教の極意だって面壁《めんぺき》一〇年座禅しても分からない人もいます。どうしても分からないので

生徒　自殺した高僧もいます。一瞬で覚《さと》った独覚《どっかく》もあります。

先生　経済学の極意も独覚できるのですか。

生徒　できます。

先生　経済学の極意って何ですか。

生徒　ケインズ理論のエッセンスの有効需要の原理は方程式で表され、古典派のエッセンスのセイの法則は恒等式で表されるということです。

◆ケインズと古典派

生徒　ケインズ理論は、特に難解ではないのですか。

先生　難解至極です。

生徒　それを、あっという間に一瞬で独覚できるのですか。

先生　そうです。

生徒　それにしても、風説では「ケインズは死んだ」と言う学者がいるそうですが。

先生　そんな風説は二〇年も前に一部の学者が言いふらした説です。今では、すっかり下火になって、と言いたいところですが、正確にまとめると、実は、こうなのです。

ケインズ革命に猛反対した学者を古典派(the classical school)と呼びます。今の学者は新古典派（neo-classical school）と自称していますが、実態は同じです。

生徒　古典派ですって。一体全体、そりゃ、何ですか。

先生　イギリスに発生した経済学派で、アダム・スミス（『国富論』で知られる経済学の祖、一七二三～九〇年）を元祖とし、デヴィッド・リカード（イギリスの経済学者、一七七二～一八二三年）を代表とします。現在に至っても、隆盛を極めています。

生徒　えっ、何ですって。アダム・スミスって言ったら、だいたい米国独立の頃の人じゃありませんか。その頃に始まった学派が今もって隆盛を極めているなんて！

先生　古典派の学説って、一体全体、どういう説なのですか。

先生　「自由市場はすべて良し」という学説です。自由放任（laissez-faire）にしておけば経済はいちばんうまくいく。これが古典派の教義《ドグマ》（学説、信条）です。

生徒　そんな学説、今でも生きてるのですか!?　そう言えば　規制撤廃（deregulation）を絶叫している人が今でもいますね。

先生　「規制」とは、市場の自由を妨げる規則ということです。それを撤廃せよとは、市場を自由にしろ、ということです。自由放任にせよということです。

生徒　そうすると効率が良くなり、生産性が高まるということですか。

先生　そうです。

生徒　規制撤廃すれば経済はうまくいく、ということですか。

先生　そうです。

生徒　それが古典派の教義なのですか。

先生　そうです。「自由市場はすべて良し」というのが古典派の教義です。その対偶(contraposition)をとれば、「すべて良しと言えないのは自由市場ではないからだ」となる。つまり、「何か良からぬことが起きるのは、市場が自由ではないからである」となります。

「規制」(regulation)とは、市場の自由に規制という制限を設けて自由ではなくすることである。だから、経済に、何か良からぬことが起きれば、良からぬことを止めるためには、規制を撤廃せよ、という要求になります。

生徒　なーるほど。誠に明快ですね。論理学の練習問題みたいな話ではありませんか。それにしても、「対偶」って、こんな凄い威力があったのですか。驚きました。

でも、この議論、古典派の学説を前提にしていたのでしょう。「自由市場はすべて良し」って。でも、この学説、正しいのですか(真なのか、成立するのか)。

先生　そこが一つのポイントなのです。アダム・スミスが拓いて、リカードの代に目の眩《くら》むような理論的高みに達したのです。

◆「セイの法則」の神髄

生徒　「目の眩むような理論的高み」ですって。いくらなんでも本当ですか。

先生　あなたは、リカードの理論を知らないからそんなことを言うのです。知ったら、言いすぎなどと言わないこと請け合いです。

column

リカードの大発見

比較優位説（comparative advantage）なんて驚くべき大発見です。それだけでも、リカードは世界史に名を残す値打ちがある。その他に、差額地代説は限界効用説、限界生産力説のはしりです。魁《さきがけ》ではありません。

労働価値説も、リカードで一応完成されてそっくりマルクスに引き継がれたのです。シュンペーターは言いました。「マルクスは、リカードの餌《えさ》、釣針から釣竿まで呑み込んでしまった」と。

「労働価値説」なんて言うと、日本ではマルクスの名で知られていますが、マルクスも労働価値説では、リカードの丸呑みだと言うのです。

生徒　へえ。リカードって、そんなに偉いのですか。では、この人の仕事の中で、特に注目すべきは何ですか。

先生　「セイの法則（Say's law）」をはっきりと採用したことでしょうな。

生徒　「セイの法則」って何ですか。

先生　「市場に出した品物はみんな売れる」という法則です。

生徒　え！　何ですって？

先生　もう一回言います。「セイの法則」とは、供給すれば売れる（Demand on supply!）ということです。すなわち、供給はそれ自身の需要を作る（Supply creates its own demand.）という法則です。

生徒　そんなことってあるのですか。それはいわば売る人の理想であって、滅多に叶えられることはないでしょう。だってそうでしょう。市場に出した品物がみんな売れるのだったら誰も苦労しません。呑気に暮らしていればいいことです。でも、ヘンだなあ。セイという人は正気の沙汰ではないんじゃないですか。

先生　いや、セイという学者、偉い人なんですよ。リカードは、セイの法則を彼の経済学で採用しました。そして極めて重要な法則であると評価しました（David Ricardo, *On the Principles of Political Economy, and Taxation*, 1817〔リカード『経済学および課税の原理』〕、森嶋前掲『思想としての近代経済学』八頁）。

生徒　リカードほどの経済学の達人がセイという人をそんなに高く評価するとは、これは驚きますね。

先生　リカードだけではありません。古典派の経済学者は、みんなセイの法則を前提にしています。リカードは、自分の主著の序文に明記していますが、その他の大先生は、必ずしも、「私はセイの法則を前提にしている」と明記しているとは限りません。しかし、みんな、セイの法則を前提にしていることには変わりありません。

生徒　いや、驚いた。大先生方がみんな、揃いも揃って、セイの法則を呑み込んでしまったんですって？　大先生方って、一体、誰のことですか。

先生　一言で言うと、ケインズより前の大先生は、みんなそうだと言っても過言ではないほどです。ワルラス、ヴィクセル、パレート、ミーゼス、……、ケインズと同い年のシュンペーターもそうですね。

生徒　マルクスはいかがですか。

先生　マルクスは、さすがに、「セイの法則」が必ずしも成立しないことに気づいています。「これは、セイという男の戯言《たわごと》だ」と言って、はっきりとセイの法則を否定しています。「市場に出した商品がみんな売れる」なんて途方もないことだと、マルクスははっきり意識してはいました。「商品はみんな貨幣に恋する。が、恋路は滑らかではない」とも言っています。この点、無意識のうちにセイの法則を前提にして理論を進めていって、気がつけば雁字搦《がんじがら》めになっていた古典派の諸先生方とは違うわけです。

生徒　やはりマルクスは偉かったと。

先生　そうも言えますが、そうとばかりも言い切れません。マルクスといえども、やはり、セイの法則の呪縛から逃れ切ってはいません。彼が再生産図式を書くときには、セイの法則を前提にして理論を進めているのです!

◆「自由市場はベスト」とは

生徒　セイの法則は、まるで学者の撫で斬りですね。でも、そんなに多くの大先生方が片っ端からセイの法則に呑み込まれていくというのは、どういう理由ですか。「供給は需要を作る」なんていうベラボーな法則。私にはどうしても納得できないのですが。

先生　ここで、一番大切な注意をしておきましょう。「供給は需要を作る」という法則は、一つ一つの市場では、大概、成り立ちません。成り立つ市場というのは、例外でしょう。セイ先生も、このことはよく知っています。しかし、セイが言いたいことは、結局、個々の市場では、「供給が需要を作る」と言えるとは限らないが、国民経済(national economy)全体では、供給は需要を作る、ということです。

生徒　なるほど、それならば分かるかもしれません。でも、その「セイの法則」は国民経済全体ならば、本当に成立するのですか?

先生　「成立する」というのが古典派の学説です。学説の根本です。いわば公理です。

生徒　成立すれば、どういうことになるのですか？

先生　「自由市場はすべて良し」「自由市場はベストである」という命題（文章）が真《しん》（正しい、成立する）となります。自由放任主義ということです。

アダム・スミスは、人々が市場で自由に振る舞えば、神の見えざる御手《みて》（invisible hand）が働いて、最大多数の最大幸福（the greatest happiness of the greatest number）が達成されるのだと言いました。これが、古典派の信条《ドグマ》です。その後、経済学者は、理論を彫琢《ちょうたく》（磨く）して数学的に正しい形に書き換えました。すなわち、

消費者が効用を最大にし、企業が利潤を最大にし、みんなが市場で自由に売買すれば、資源の最適配分（the optimal allocation of resources）がなされる。

ということが証明されたのでした。

生徒　そういうことだったのですか。「自由市場はベストである」ということを数学的に表すと、そうなるのですね。

先生　そうなのです。その「自由市場はベストである」ことが成り立つための条件、その条件こそが、セイの法則「供給は需要を作る」という法則なのです。

生徒　「条件」なんていう論理学の言葉が出てきましたね。復習しておくと、その「条件」とは、「必要十分条件」(necessary and sufficient condition)なのですね。

先生　そうです。セイの法則「供給は需要を作る」という命題(文章)が成立すれば、「自由市場はベストである」という命題が成立します。「自由市場はベストである」という命題が成立すれば、「供給は需要を作る」という命題が成立します。

生徒　これら二つの命題は、同値(equivalent)ですね。

先生　そうです。

生徒　古典派の教義が「自由市場はベストである」「市場を自由にしておけばすべて良し」、自由放任であり、この命題が成立するための条件がセイの法則であるとすれば、セイの法則こそ古典派の生命《いのち》ではありませんか。

先生　まさしくそうです。セイの法則が成り立てば「ベスト」「すべて良し」。喩《たと》え話で言い表せば「最大多数の最大幸福」が実現するのですから。この上ない世の中ではありませんか。

生徒　まさに、武陵桃源《ぶりょうとうげん》(世間とかけ離れた別天地)ですか。

◆ベストとは「資源の最適配分」のことを言う

先生　比喩的に言えば黄金郷です。しかし、正確に言うと、そうとも言い切れません。「ベスト」

ということを数学的な話で言い表すと、「資源の最適配分」ということになります。「ベスト」と言ったって、そんなに望ましい状態であるとも限りません。例えば、一つの私企業の場合、利潤を最大にしても、その利潤の数値がマイナスということだってあり得るでしょう。

生徒　利潤がマイナスになったら、企業にとって一大事ではないですか。その企業は、永く経営を続けていくことができなくなるでしょう。利潤を最大にしたって、それがプラスかマイナスかが分かるまでは安心はできませんものね。経済全体の場合でも「自由市場」で経済が「ベスト」になっても、その「ベスト」がマイナスになることもあるのですか。「最大幸福」が惨憺《さんたん》たるものであるなんてこともあり得るのですか。

先生　あり得ます。途中で良い気持ちになって安心してしまうというのでなくて、そこまで徹底的に追求していけるところに、数学的論理の凄さがあるのです。

生徒　そこまで論理を突き詰めて追求していった学者は誰ですか。

先生　リカードです。彼を見習ったのがマルクスです。リカードは、人口が増大している資本主義経済の貧困化法則を証明したのでした。その経済では、利潤率は下落し続ける。実質賃金は減少し続ける。そして遂に、利潤率はゼロ。実質賃金は生存するのにギリギリの水準にまで低下する。

生徒　さっき先生は、「リカードはセイの法則を採用した」と言われました。そうすれば、論理必然的に「自由市場はベストである」という結論が得られます。その「ベスト」でも、労働者の生活水準は生存ギリギリであり、資本家は破産ギリギリである。誰も彼もみんな、生きられるか生きられないかと塗炭《とたん》の苦しみではないのですか。それがベストだと言うのですからね！

先生　「ベスト」とは「資源の最適配分」(the optimal allocation of resources) ということです。言ってみれば、それ以上でもそれ以下でもない。

生徒　「ベスト」なんて言うと、聞こえは良いけれど、実際にそれが労働者と資本家にとってどんな状態なのかは分からない！　でも、大概の人は、何だか大変良いことだと思い込んでしまいますよ。最大多数の最大幸福なんていう言葉に惹かれて、伝統主義を捨てて資本主義に転向した人も多かったのではありませんか。

先生　それは宗教社会学的に説明できます。イエス・キリストは、「神の国」について比喩を用いて説明しているだけで、そこではどんな生活が営まれているかについては何も言ってはいません。それであればこそ、かえって人々は「神の国」では理想的生活が営まれているに違いないと思い込んでしまって、みんな入りたがって悔い改めるのでしょう。法華経も同じです。仏教の哲理について何も書いてないのです。効能書きだけで薬の入ってない薬袋みたいなのがお経だから、最高の哲理が書いてあるに違いないと、みんながありがたがって最高のお経として尊ぶのでしょう。

資本主義のベストの状態も、それと同じです。自由経済が結局そこへ行き着くなんて言われると、何だか凄く良いことのような気がしてくるでしょう。「ベスト」という言葉に眩惑《げんわく》されます。

生徒　それに、資本主義は、スミス、リカードの時代以後、隆々《りゅうりゅう》と発展しましたね。マルクスは、「資本主義は、それ以前のすべての時代の富を総計したよりも大きな富を作り上げた」と言いました。が、資本主義が生み出した富は膨大でした。分配がどんなに不平等であったにしても、人を眩惑したのは確かかもしれません。「ベスト」という言葉に目が眩んで、科学が見えなくなってしまったのかもしれませんね。

先生　それらのことについては、もっともっと、気を引き締めて議論する必要があるかもしれません。今ここでさしあたっては、「ベスト」とは、資源の最適配分という意味だけにとっておきましょう。すべての資源はベストに使用されることになる。しかし、それでも労働者も資本家も死にかかっているかもしれない！

生徒　それにしても、大したことではありませんか。

先生　大したことです。まず、失業はありません。

生徒　それだけでも凄いのではありませんか。

先生　凄いです。

生徒　でも、そうすると、古典派の学説によれば　失業はないことになりませんか。でも、失業者なんて、いつでもどこにでもいるでしょう。古典派の先生方は失業者も目につかないのですか。

先生　古典派は、理論が正しくて現実が間違っていると言い通したのです。この点、一頃のマルキストみたいな話です。古典派は、現実に存在する失業をこう説明したのです。

失業とは、いわば仮の姿である。資本主義は不況になると、市場で淘汰された企業は破産する。市場で淘汰された労働者は失業者になる。このようにして、資本主義に相応《ふさわ》しくない企業と労働者は、市場で淘汰されて退場していった結果、市場はそれだけで資本主義に相応しくなって効率を上げる方向に向かう。新企業と新労働者のためのチャンスも、不況が長引くと、徐々にではあるが、着実に準備されていく。そこへ、一朝、不況が晴れて景気が回復する。そうすると新進気鋭の新企業は新企画を引っ提《さ》げて登場し、失業者を吸収する。かくて、失業者は消滅し、完全雇用（full employment）は復活するであろう。

2 国民を理解すると経済が分かる

生徒　そうすると、古典派理論だと、失業者というのは暫定的《ざんていてき》（一時的）な存在であり、不況のときのいわば仮の姿だというのですね。不況が治まれば、消滅するに違いない。

先生　そうなのです。それに、摩擦的失業（frictional unemployment）というのもあります。いずれにせよ、いわば仮の姿です。いわば本人の意志による失業（自発的失業　voluntary unemployment）であって、本来の失業者ではない、というのです。

◆大恐慌とケインズ理論の登場

生徒　本来の失業者って何ですか。

先生　働きたくても仕事が見つからない失業者です。不随意失業（非自発的失業　involuntary unemployment）といいます。この不随意失業こそ重大なのですが、古典派では、不随意失業は存在しないと主張するのです。なお、以下、特に断らなければ、「失業」と言えば不随意失業を意味することにします。

生徒　古典派が失業はないと主張する理由は何ですか。

先生　セイの法則が成立するからです。セイの法則が成立すれば、「自由市場はベスト」になります。すなわち市場が自由であれば、すべての資源はベストに使用されることになる。労働なんていう大切な資源が使い残されることはあり得ません。完全雇用が実現されます。

生徒　誠に論理は完全ですね。が、その前提である「セイの法則が成立する」というところが問題なのではありませんか。セイの法則は、必ず成立するのですか。

先生　セイの法則の成立を要請（postulate）したのが古典派です。古典派は、セイの法則を公理のように要請して、そこから多くの定理（諸法則）を導出してきました。資本主義には失業はないという命題もそれらの諸法則の一つです。

生徒　セイの法則は成立するなんていう公理を、勝手に要請してよいのですか。

先生　どんな公理を要請しようと、理論上は、模型構築者（model builder）の自由ですから、そこは少しもかまいません。しかし、実証上は、その模型《モデル》が現実妥当性（fact fitting）を有するかどうか、模型構築者には答える責任があります。

生徒　そういうことですね。大恐慌時代には、街にも村にも、至るところに失業者が溢《あふ》れ返っていたそうですね。それまでとは違って、時間が経っても、一向に不況が去って失業がなくなる見込みはなかったとしたら、いくら古典派がセイの法則を振り翳《かざ》して失業なんかあり得ないと説教したところで、もう誰も聞く耳を持たなくなっていたでしょうね。

先生　そこへ出現してきたのがケインズです。彼は、『雇用・利子および貨幣の一般理論』（*The General Theory of Employment, Interest and Money*, 1936）を引っ提げて登場して、世界経済学の支配者である古典派に挑戦したのでした。

生徒　そして、一気に古典派を屈伏させた？

先生　そうはいきませんでした。何しろ、ケインズの『一般理論』は難解すぎたのでした。この本にこそ失業救済の秘策が書いてあるに違いないと人々は飛びつきました。そして、必死になって耽読《たんどく》（夢中になって読む）した。しかし、呆れて吃驚《びっくり》して怒り出したのでした。あまりにも難しすぎて、ちっとも歯が立たない。珍紛漢紛《チンプンカンプン》で何が書いてあるのやらさっぱり分からない。サムエルソンは、『一般理論』の読後感を「私は、この本を一読して少しも分からなかったことを自覚しなければ必ずや反撥《はんぱつ》していたことであったろう」と言っているほどです。有名なストーリーです。かのサムエルソンすら分からなかった。サムエルソンの学説理解能力の高さについては既に神話ができているほどです。日本の高田保馬《たかたやすま》博士もケインズの『一般理論』に歯が立たなかったことについて、これまた有名な逸話があります。

生徒　それほど難解無比のケインズの『一般理論』が、ほんのちょっぴりの数学で、底の底まで分かるのですか。

先生　ハイ、そうです。

生徒　ぜひ説明して下さい。

先生　なぜ、ケインズの『一般理論』が、当時の人々には分かりにくかったのか。そこのところから始めましょう。

それまでの経済学は、一つ一つの商品の需要や供給を考えても、経済全体の需要や供給を考えることはありませんでした。それがケインズになって、一気に国民全体の需要や供給から考えることにしたのでした。そこで、時代の経済学者も一般の人々も呆気《あっけ》にとられて呆然としたのでした。でも、驚いて怖れなければ何でもありません。

◆ナショナルの使い方

生徒　何に驚かなければよいのですか？

先生　まず、「国民」(national)という言葉に驚かないことです。

生徒　そんな言葉に驚く人がいるのですか。

先生　はじめは、なかなか通用しませんでした。「国民」とは、米語のnationalの日本語訳です。アメリカ全体のことを米語では“national”と言います。

米語には、もともと、「国」という言葉がありませんでした。フランス語には、エタ(état)というすっきりした言葉がありますし、ドイツ語ならシュタート(Staat)です。英語では、ステイト(state)なのかカントリー(country)なのか、はっきりしません。

米語だと、“state”は「州」という意味になってしまって、一つの単語でアメリカ全体という意味はないのです。

生徒　でも、“the United States”という言葉があるではありませんか。

先生　しかし、これは一つの言葉でないでしょう。国連みたい。形容詞にして、「アメリカ合衆国全体の」というときは、どうしますか。

生徒　さあ、困りましたね。

先生　一つの単語で、アメリカ合衆国全体を表す言葉、すぐさま形容詞にもなる言葉ということで、

"nation"という言葉が選ばれたのです。だから、これを和訳して、「民族」なんていうのは誤訳です。「アメリカ合衆国」と訳さなければなりません。"national"は、「アメリカ合衆国の」という意味です。

練習問題を出しておきましょうか。次の米語を和訳して下さい。

(1) national budget　(2) state budget　(3) local budget

生徒　(1)は合衆国予算、(2)は州予算、(3)は郡市町村予算です。

先生　お見事、正解です。

ここで一寸《ちょっと》注意しておきますが、ルイジアナ(Louisiana)州とアラスカ(Alaska)州を除く各州での郡はカウンティ(county)と言います。そして、ルイジアナではparishを、アラスカではboroughを郡と言います。日本と違って、市も郡の中に入るのです。

その nation という米語を日本語に訳すと「日本国」となって、その意味は、「日本全体」という意味になります。

生徒　分かりました。

先生　この言葉さえ分かって、すぐ反射できるようになったらしめたものです。それでは、国民所得(natioal income)って何ですか。

生徒　日本国民全体の所得という意味でしょう。今年は約五〇〇兆円ですか。

先生　よろしい。グッド、いや、エクセレント。国民生産（national product）って何ですか。

生徒　日本国民全体の生産って意味ですか。この企業の生産、あの企業の生産……日本の国中のすべての企業の諸生産のすべてを総計した全金額でしょう。

先生　そうです。では、消費（consumption）、投資（investment）とは何でしょう。

生徒　やはり、日本国民全体の消費、日本国民全体の投資って意味ですか。

先生　そのとおりです。では、輸入（import）、輸出（export）とは。

生徒　同様に、日本国民全体の輸入、日本国民全体の輸出という意味です。

先生　イエス！　今後、特に断らなければ、以下、諸変数（variables）は、みんな巨視的《きょしてき》（macro）、すなわち日本国民全体に関するものであるとします。いいですか。

◆国民所得を計算する

生徒　分かりました。「所得」（income）と言ったって、この人の所得、あの人の所得って、一人一人の個人に限る必要なんかありませんよね。概念としては、国民全体の所得であっても一向に差し支えありませんね。

でも、国民全体の所得だなんて、その数値は計算できますか。日本の国民所得は五〇〇兆円だなんて言いますけど、どうして計算したのでしょうか。

先生 今は計算できます。ジョン・R・ヒックス(イギリスの経済学者、一九〇四〜八九年)という大学者が、社会会計学(social accounting)という方法を発明したのです。この社会会計学によれば、日本国民全体の所得(national income)も、日本国民全体の生産(national product)も計算できます。

生徒 国民消費も国民投資も、国民輸出も国民輸入も計算できるのですね。

先生 そのとおりです。国民消費、国民生産をはじめ巨視的《マクロ》諸変数がスンナリと頭に入れば、ケインズ理解はすぐそこです。国民需要(national demand)はどうなりますか?

生徒 えーっと。消費がCで投資がIだとすれば、国民需要は$C+I$ではないのですか。

先生 まさしくそうです。国民全体で考えるとなると、需要とは、消費財の需要と生産財の需要です。その合計が、国民需要(nationl demand)です。これで全部です。その他はありません。

生徒 お茶だとかお菓子だとかビールだとか。煙草などの需要はどうですか。

先生 消費です。

生徒 自動車の需要は?

先生 自家用車の需要は消費です。タクシーやトラックなどの営業用の需要は投資です。以上の議論のまとめを集合論で表しますと(集合論が嫌いな人は読みとばして下さい)、次の囲みのようになります。

ゆえに、$C+I$=国民需要。ケインズは、国民需要を有効需要(effective demand)と呼びました。

◆「有効需要の原理」とは何か

生徒　国民需要（国民総需要）と言えばそれでよいところを、何でことさら「有効需要」なんて呼び直したのですか？

先生　有効需要が国民生産（national product）を決定するからです。有効需要が五〇〇兆円ならば国民生産は五〇〇兆円になります。国民生産をYで表しますと、

$$Y = C + I \cdots\cdots(1)$$

となります。この法則を有効需要の原理と呼びます。これが最単純ケインズ模型《モデル》です。

生徒　Cはconsumption、Iはinvestmentの頭文字ですが、Yは何の頭文字ですか。

先生　生産物（yield）の頭文字だと聞いています。

生徒　(1)の法則$Y = C + I$という有効需要の原理ですが、ケインズ経済学の急所というべき大法則でしょう。説明して下さい。

$$C \cap I = \phi$$
$$C \cup I = \Omega$$

∩：かつ　∪：または
ϕ：空集合　Ω：全体集合

先生　$C+I$は国民需要です。国民需要があれば国民経済は、それだけを生産して供給する。こういうことです。

生徒　有効需要がそういうことだとすれば、まさにセイの法則の正反対ですね！

先生　まさしくセイの法則の正反対です。セイの法則は、「供給が需要を作る」(Supply creates its own demand.)でしょう。これに対し、有効需要の原理は「需要が供給を作る」(Demand creates its own supply.)、いわば、Supply on demand.です。

生徒　有効需要が五〇〇兆円ならば国民生産も五〇〇兆円となるわけですね。

先生　そのとおりです。

生徒　ところで、数式$Y=C+I$は、方程式ですか恒等式ですか。数式にしたら方程式か恒等式か。まずそれを判定しろと厳しく教えていただいたのですが。

先生　方程式(equation)です。(1)式の右辺は国民需要(national demand)、左辺は国民供給(national supply)です。国民需要と国民供給とが市場で等しくなった。すなわち、市場で均衡している。このことを表す数式が(1)式なのです。

生徒　市場で需要と供給が等しいことを表す市場均衡(market equilibrium)の方程式ですね。

先生　そうです。

生徒　一つ一つの市場で、需要と供給が等しいことを表す市場均衡の方程式は、その商品の価格を決めるのですが、国民経済全体での市場均衡の方程式は何を決めるのですか。

先生　国民生産Yの数値です。今仮に、国民需要(有効需要)が五〇〇兆円だとすると、国民生産はそれに等しく五〇〇兆円と決まります。

生徒　あっ、分かりました。国民所得のほうはどうなるのでしょうか。

先生　今しばらく最単純ケインズ模型で考えて、国民所得は国民生産に等しいと考えておきます。

国民所得＝国民生産＝Y

国民生産が五〇〇兆円ならば国民所得も五〇〇兆円です。国民所得もYで表します。

生徒　国民生産と国民所得は恒《つね》に等しいのですか。

先生　そうとも限りません。

生徒　それなのに、同じYで表しては混乱しませんか。

先生　確かに混乱のおそれはあります。Yという字が紙面に現れたときには、これは国民生産か国民所得か、まずは正しく識別しなければなりません。

◆ケインズは方程式、古典派は恒等式

生徒　大概の経済学者は、正しく識別しているのですか。

先生　そうとも限りません。
しかし、今後しばらく、国民生産と国民所得とが等しい模型《モデル》について議論を進めていきます。例えば、最単純ケインズ模型は、これら両者が等しくなる模型です。

生徒　有効需要の原理に出てくる式

$$Y = C + I \cdots\cdots (1)$$

は、需要と供給とが等しくなる市場の均衡(equilibrium)を表す式だから方程式(equation)だと言われました。この式が、

$$Y \equiv C + I \cdots\cdots (2)$$

と恒等式(identity)で表されることはないのですか。

先生　良いところに気づきました。この式が恒等式になると、式の形はよく似ていても、意味は正反対になるのです。方程式だと、ケインズ理論の有効需要の原理になります。恒等式だと、古典派のセイの法則になるのです。

生徒　え！　そうだとすると、まさに正反対ですね。セイの法則は、Supply creates its own demand. つまりDemand on supply. でしょう。有効需要の原理は、Demand creates its own supply. Supply on demand. でしょう。命題(文章)を見ただけでも、その意味が正反対であることは、すぐ分かります。これほど大きな違い、根本的な違いが方程式か恒等式かの違いで表されるとは！　そこのところを、理論的によく説明して下さい。

先生 (2) $Y \equiv C + I$ が恒等式であれば、均衡であろうとなかろうと恒に成立していることを示す。今、国民生産 Y が供給されれば、均衡であってもなくても、是が非でも、何が何でも需要 $C + I$ は必ずその数値に等しくなってしまう。まさしく、セイの法則ではありませんか。

こうも、言い換えられます。経済学者は、貯蓄がみんな投資されればセイの法則は成り立つ、とよく言います。確かに、そのとおりです。(2)式で、C を左辺に移項すれば、

(3) $Y - C \equiv I$、

(4) $S \equiv Y - C$ と置けば、

(5) $S \equiv I$ となる。ここに、S は貯蓄(savings)である。

この $S \equiv I$ という考えは、貯蓄をすべて、みんな悉《ことごと》く投資するということを言い表している。マクス・ヴェーバーは、資本主義の発生期においては、貯蓄は、そのまま全額投資されるべきであって、金銭欲などの貪欲によって、貯蓄の一部を蓄えておくべきではないと力説した(ヴェーバー前掲『プロテスタンティズムの倫理と資本主義の精神』四二〜四三頁)。つまり、資本主義がフルに作動する(ベストである)ためには、貯蓄はすべて投資しなければならないと示唆したのだと思います。

他方、(1) $Y = C + I$ が方程式であればどうなのか。恒に必ず、何が何でも成立する、とは言っていない。均衡方程式であるから、この式は、均衡(equilibrium)のときに限って成り立つ。

生徒 「均衡のときに限って成り立つ」とは、どういう意味ですか。

先生　右辺は有効需要（国民需要）、左辺は国民生産（国民供給）です。有効需要が市場に出てくると、それに均衡するように（等しい金額だけ）国民供給が生産されて市場に出てくる。こういうことです。

生徒　その需要と供給とが等しいところが均衡である。均衡は必ず存在するのですか。

先生　存在するとも限りません。

生徒　え！　存在するとは限らない、とはどういう意味ですか。

先生　需要と供給とが均衡することを表す均衡方程式は、解が存在するとも限らないという意味です。また、成立するとも限りません。

生徒　成立するとは限らないとは？

先生　均衡方程式に解が存在するとして、そこへ収束していくとも限らないという意味です。

生徒　音に聞く、存在条件（existence condition）、安定条件（stability condition）の問題だと言うのですね。

先生　まさしくそうです。

◆クラウディング・アウト（閉め出し）

生徒　そうすると、有効需要の原理とは、経済がいわば、そこをめざしていく傾向があるというだけのことであって、成立するかどうかは、覚束無《おぼつかな》いと言うのですね。

先生 恒等式ではないんだから、そう言わざるを得ません。

生徒 でも、存在条件だの安定条件だの、いくら大切でもややこしい話は、ここではひとまず後回しにして下さい。せっかく有効需要があっても、これが満たされない場合として、経済学的に重要な例としてどんなものがありますか。

先生 まずは、クラウディング・アウト（crowding out）です。

生徒 クラウディング・アウトとは？

先生 「閉め出し」と訳されています。有効需要があったとき、これを供給できるためには、それを生産するための生産力がなければならない。生産力が不足していると、せっかくの有効需要も供給し切れないこともあり得ます。

生徒 一〇兆円の有効需要があっても、八兆円しか供給できないということですか。

先生 そういうことです。

生徒 クラウディング・アウトが存在すれば、セイの法則は成り立ち（真である）、古典派は正しいことになりますね。

先生 そうです。生産力が不足して供給し切れない。供給した商品はみんな売り切れます。

生徒 国民経済とまでいかなくても、一つの財の市場でも、「市場へ持っていけば売れる」（Demand on supply!）でしょう。微視的《ミクロ》なセイの法則が成立しているのですね。

先生 そうですとも。食糧が不足していれば、食料品市場ではセイの法則が成立しています。食料品に限らず、生活必需品は、それが不足している経済ではセイの法則が成立します。

生徒 第二次大戦中や戦争直後では、ヤミ経済が繁栄していたそうですが。

先生 国民経済が生産力不足でした。第二次大戦が勃発すると、軍需品(戦争物資)需要は激増しました。有効需要(effective demand)は大きく伸びたのでした。が、日本経済の生産力は小さかった。有効需要の大部分は供給できなかった。特に痛切であったのは、飛行機の需要と供給のギャップでした。

生徒 それは一大事でしたね。日本の軍部は何しろ空の決戦を唱導《しょうどう》していましたから。それで負けたのですね。セイの法則が成立すると戦争に敗けることがある!

先生 飛行機会社が何万機生産して供給しても、軍部はこれを全部需要したでしょう。この市場では、セイの法則(Supply creates its own demand.)が成立していたのでした。

生徒 アメリカではどうだったのですか。

先生 この時代、アメリカ経済の生産力は巨大でした。世界の工業力の半ばはアメリカにありました。第二次大戦の勃発によって、軍需品(戦争物資)への巨大な需要が発生しました。何しろ、アメリカのための軍需品だけでなく、イギリスとソ連のための軍需品需要もまたアメリカ経済に殺到したのでした。有効需要は巨大となりましたが、アメリカ経済は、この巨大な有効需要を供給し切ったのでした。

生徒　なるほど。ケインズ経済学の柱である有効需要の原理が正しいことも証明したのですね。

先生　まさしくそうです。戦前、英米では必ずしも歓迎されなかったケインズ経済学は、戦後、全盛時代となりました。特に一九六〇年代には、サムエルソン、トービン、ソローを代表とするケインズ経済学は、アメリカに「黄金の六〇年代」を現出したのでした。

生徒　なるほど、クラウディング・アウトこそケインズ派か古典派かの分かれ目なのですね。クラウディング・アウトが起きることは、有効需要の原理が成立せず、セイの法則が成立するためのどんな条件(condition)ですか。

先生　十分条件(sufficient condition)です。必要条件(necessary condition)ではありません。

生徒　と言うと？　どういうことですか。

先生　クラウディング・アウトがあれば、有効需要の原理は成立しない(有効需要の原理が作動するとも限らない)。すなわちセイの法則が成立する。しかし、セイの法則が成立するためには、クラウディング・アウトを必要とはしません。

生徒　他に何があればよいのですか。

先生　「資金不足」があればよいのです。

生徒　実際に、どんな資金不足が考えられますか。

先生　例えば、政府が財政政策として自動車道路を作るという設備投資をしたとします。そのために資金が必要です。必要な資金を銀行から借りて賄ったとします。そうすると、どうなりますか。

生徒　政府が財政政策としての設備投資に必要なほどの資金ともなると、大きなものでしょうね。

先生　大きな資金を銀行から政府が借り出したら銀行はどうなりますか。

生徒　はじめ潤沢に資金を持っていた銀行でも、そんなに借りられたら資金不足になるでしょうね。

先生　そこです。銀行が資金不足になればどうなりますか。

生徒　民間企業が、設備投資するために銀行に駆けつけても、もう資金がないと断ることもあるでしょう。

先生　有効需要が大きくなれば、企業は、生産してそれを供給するために設備投資をしなければならないこともあり得ます。その設備投資ができないとすると？

生徒　ああ、なるほど。資金不足で設備投資ができなくなり、そのための生産力不足で、有効需要があっても、それを供給できないってこともあるわけですね。

3　経済の相互連関を単純なモデルで理解する

有効需要(effective demand)があったとき、国民経済は、これを生産してピタリと提供する。これが有効需要の原理である。有効需要があっても、供給側が、これを生産してピタリと供給できない場合には、有効需要の原理は成立しない。

有効需要の原理を主唱するケインジアンは、供給側には何ら問題のないことを前提としているのである。クラウディング・アウト（閉め出し）は古典派に研究された。ケインジアンはクラウディング・アウトを無視している。

◆政府を無視すると経済学が分かる

それであればこそ、ケインジアンは、需要側の事情の研究を喚起（呼び起こす）し、盛んに行った（消費関数の研究、投資関数の研究等）。

それまで古典派は、需要側の事情の研究を、ほとんど行わなかった。消費関数（consumption function）、投資関数（investment function）というアイディアは、それまで皆無であった。

森嶋通夫教授は、このことについて次のように述べている。

この法則（セイの法則）は需要分析の軽視をもたらす。だからリカードが消費分析の需要分析を軽視し、それゆえ彼に効用分析がなかったことは当然であるが、同時に彼には資本財の需要分析も存在しなかった（森嶋前掲書、八頁）。

生徒　「有効需要の原理」を支持する者が需要分析に主力を置き、「セイの法則」を支持する者が供給分析に主力を置くのは、ま、当然ではありませんか。

先生　最単純ケインズ模型《モデル》(the simplest Keynesian model)には、理論経済学の考え方のエッセンスの全てが込められています。

生徒　そこまで言ってしまえば言いすぎではありませんか。中《あた》らずといえども遠からずくらいに、ここでは言っておいたほうがいいんじゃないですか。

先生　そうではない。断固として、理論経済学模型の全てと言い切ってしまってよろしい。

生徒　では、伺いましょう。

先生　「最単純ケインズ模型」は、いくつかの仮定の上に立ちます。

①外国はない
②政府はない
③時間はない
④経済人以外は存在しない

生徒　何ですって。そんな仮定に現実性があるのですか！　そんな非現実的な世の中で経済生活が営めるのですか。

先生　これが、理論的な模型(model)というものです。非現実的だと言われましたが、これは単純化のための仮定(hypothesis for simplification)です。物理学や幾何学の例を思い出してみて下さい。

生徒　えーっと。物理学教科書のはじめの部分には、空気も何もない真空の中での、質点《しってん》(mass point)なんていう途方もないものが出てきますよね。大きさも何もない点のくせに、質量(目方)だけがあるなんて！

先生　それと同じことです。いくら何でも単純化のしすぎ(over-simplification)だなんて言わないで下さい。

　最単純模型(the simplest model)から、理解を始めて、一つ一つ、理解を積み重ねていけば、次第に複雑な模型にも理解が及び、遂に物理学全体が分かってくるようになるのです。

生徒　そういうものですか。分かりました。そう言えば、ユークリッド幾何学でも、実は、そういうものではないのですか。点、直線なんて本当は存在しないんでしょう。位置だけがあって大きさが全くない点だとか、長さだけがあって幅が全くない線だとか。本当は、存在するはずがないじゃありませんか。

先生　そのとおりです。よく気づきました。経済模型も同じです。

◆サムエルソンの功績

生徒　ところで、難解至極なケインズ理論を、そんな簡明単純な模型で表したのは誰ですか。

先生　ポール・A・サムエルソン（アメリカの経済学者、一九一五～二〇〇九年）です。

生徒　やはり、サムエルソンは偉大ですね。

先生　サムエルソンは、経済学者でも理解が届かなかったケインズ理論を、「馬にも分かるように」一冊の本に纏《まと》めた（Paul A. Samuelson, *Economics*, 1948『サムエルソン経済学』都留重人訳、岩波書店）ことで有名です。

生徒　日本でも『うさぎにもわかる経済学』なんて本がありますね。ここで、その馬にも分かるところを解説して下さい。

先生　この章のはじめのところでスケッチした方程式を思い出して下さい。差し当たっては、方程式の中でも一番簡単な「一次方程式」だけでよろしい。

生徒　ハイ、思い出しました。ＯＫ。スタート！

先生　最単純ケインズ模型において需要関数（demand function）をDとします。

生徒　その「需要関数」という名前が嫌いなのです！　「需要」（demand）だけで済むところを、なんで「関数」（function）なんていう途轍《とてつ》もない（途方もない）言葉をくっ付けているのですか？「関数」なんていらないじゃありませんか。

先生　「需要」というだけでは意味がはっきりしません。

生徒　意味がはっきりしないって!?

先生　まず、事前(a priori)なのか事後(a posteriori)なのか。

生徒　事前の需要、事後の需要って、何ですか？　そりゃあ？

先生　事前の需要とは、売買を始める前に、この所得ならばこれだけ買いたいという、需要欲求表、需要計画表です。「これだけ買いたい」という計画であって、まだ買っていないから事前です。

生徒　事前とは、そういうわけだったのですか。計画(欲求)はまだ需要者の心の中にあるだけであって仮定であって事実ではない。だから、関数という模型で表すのですね。

◆数学コンプレックスを治す

先生　そのとおりです。関数とは、仮に、変数がこの値をとれば、関数の値はこうなるという模型です。

生徒　えっ！　変数ですって!!　実はこいつも負けず劣らず大嫌いなんです!!!

先生　「変数」(variable)に、そんな反射(reflex)をしても始まりません。子どものときに犬に噛みつかれた人が犬を見ると跳び上がるのと同じじゃありませんか。コンプレックスを急いで意識と無意識から取り除いて下さい。そうすれば、大嫌いだなんて気持ちなんか収まります。

変数なんて言ったって、サソリでも蛇でもありません。蛇蝎《だかつ》のように忌み嫌っていても仕方ありません。ナニ、コンプレックスさえ一掃すれば、変数なんて、あっという間に分かります。

二次関数の例　$y = x^2$

変数 x	1	2	3	4	5	6	7	8	9	……
関数 y	1	4	9	16	25	36	49	64	81	……

ざっと、こんな塩梅《あんばい》です。分かってみれば大したものではないでしょう。一次関数ならば、もっと簡単です。「yはxに比例する」という命題(文章)を関数で表すとこうなるというだけの話です。

一次関数の例　$y = 3x$　比例式

変数 x	1	2	3	4	5	……
関数 y	3	6	9	12	15	……

「幽霊の正体見たり枯れ尾花」と言いますが、正体を見るまでもなく、どうということないではありませんか。とにかく、変数、関数という用語になじんで下さい。

生徒　「関数」という言葉を昔（明治、大正、戦前・戦中）の人は、「函数《かんすう》」と言ったのではありませんか。

先生　そう呼びました。「函《はこ》」は、functionのfunの部分の中国音訳で日本もこれに倣《なら》ったのでした。「関数」は「函数」の書き替えです。

生徒　要するに、変数が変われば、それに応じて、関数の値も変わる。つまり、変数の数値が決まれば、それに応じて関数の数値が決まる。こういうことですね。

先生　まさにそういうことです。変数の数値に関数の数値が対応する（correspond）。こういうことなんですな。

例えば今、$y=x^2$という関数があるとしますと、xという変数の0、−1、−2、−3、……、1、2、3、……という数値に対応してyという関数の0、1、4、9、……、1、4、9、……という数値が対応してくる。こうなるのが関数というものです。分かってみれば少しも難しいことはありません！　対応なのです（図参照）。この対応を関数関係と言います。

生徒　変数という数と関数の値という数との対応（関係）が関数なのですね。数と数との対応が関数だということは分かりました。では、数とも限らない集合と集合との対応も関数と言いますか？

先生　やはり言います。

生徒　関数は方程式ですか、恒等式《こうとうしき》ですか。

先生　方程式の関数もあり、恒等式の関数もあります。

例えば、$C+I$は国民需要ですが、$D=C+I$という需要関数は、方程式の関数です。需要の事後式$D \equiv C+I$は、恒等式の関数です。

さて、最単純ケインズ模型において、需要関数Dは、$D=C+I$です。ここに、Cは消費(consumption)です。

今、最単純消費関数を考えて、

$$C = aY$$

とします。この比例定数aを、限界消費性向(marginal propensity to consume)と言います。

生徒　限界消費性向？

先生　個人でいえば、所得が一万円増えれば消費はいくら増えるかということです。あなたなら、いくら増やしますか。

生徒　八〇〇〇円くらいですか。

先生　そうすると限界消費性向は〇・八ですなあ。日本全国、国民経済でも考え方は同じです。国民所得が一兆円増加するとき、国民消費が八〇〇〇億円増加するのであれば、限界消費性向は〇・八

$y = x^2$

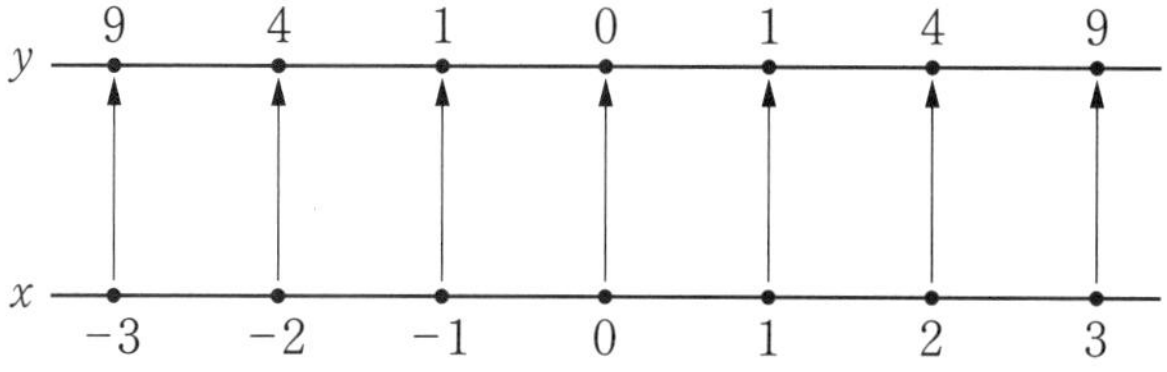

です。

生徒　限界消費性向は〇・八なのですか。

先生　勿論、〇・八とも限りません。でも、大体、そのくらいじゃないですか。

生徒　いや、一万円所得が増えれば全部飲んでしまう人々もいれば、一円も使わないでみんな貯める人々もいないわけではありませんよね。

先生　でも、今ここでは、全国民で平均すれば、国民経済の限界消費性向は〇・八くらいになるだろうと言っているのです。

◆「変化しない」は「変化する」の特殊ケース

生徒　消費関数は、国民経済(national economy)では$C=0.8Y$といったところでしょう。国民所得(国民生産)が五〇〇兆円ならば消費は四〇〇兆円ということです。投資関数Iはどうなりますか。

先生　Iは定数だとします。

生徒　え！　何ですって。投資関数が定数とは？　これは驚いた！　投資関数と聞いたのでしたが。

先生　定数(constant)だって関数です。関数の一種です。立派に関数なのです。

生徒　関数とは、$y=x^2$, $y=x^3$, $y=x^2-2$, $y=2x+3$というものだけには限らず、$y=2$とか$y=5$

も、やはり関数なのですか。

先生　そうです。

生徒　でも定数になれば、もう動けないでしょう。変数が変わればそれに応じて変わるのが関数じゃなかったのですか。そうではありませんか。

先生　「変数が変わればそれに応じて変わるのが関数である」とは、確かに言いました。しかし、ここで数学の用語(term)について一言。数学では、「変化しない」ことも「変化する」ことの特殊場合(a special case　その一種)であると考えます。

生徒　え！　何ですって。「変化しないこと」は、「変化すること」の正反対じゃありませんか。正反対のことを特殊場合とはムチャクチャではないんですか。動かざることも動くことと見つけたり、とか何とか？

先生　これは、数学の普通のやり口です。数学では直線(line)も曲線(curve)の特殊場合、一つの特殊場合と考えるのです。

生徒　え！　何ですって。理《り》非《ひ》曲直《きょくちょく》(正しいことと不正なこと)を同視するって言うのですか。何と無法至極な！

先生　道義の上では許されないように聞こえるかもしれませんが、そんなことを言っているのではありません。図形として曲率《きょくりつ》(曲がり具合のこと)がある場合を一般として、それがゼロの場合(直線)も、その特殊場合(その一種)としているにすぎないのです。数学の用語はそのように使うのです。言葉の使い方にすぎません。定数も変数の特殊場合(一種)、定数も関数の特殊場合と考えるのです。

生徒 そのように見立てるのですね。文字にこだわらないで。変数とは、変わりやすいという意味で、定数の正反対の意味でしょう。正反対のものが特殊場合だなんて。言葉の上では受け取り難いですが、それが数学上の使い方だ、と言うのなら、ま、いいことにしておきましょう。

先生 いいことにしておくのではなくて、本当にいいんですよ！

生徒 ま、数学的にはそれでいいにして、それにしても、投資(I)が一定だなんで！ これはどういう意味ですか？ 投資(Investment)は、ケインズ経済学の主役《ヒーロー》でしょう。その主役がちっとも動かない。活動しないで不動のままである。他方で消費は、所得に比例して動くというのに。気持ちの上ですが、何かこう、情けないような気がするのです。

先生 経済学的に、投資(I)は、最単純ケインズ模型《モデル》では定数であるという所以《ゆえん》を説明します。一言で言うと、それは経済システムの外で決定されるということです。最単純ケインズ模型では、政府は存在しないって言ったでしょう。

生徒 確かに聞きました。単純化の仮定として、政府は存在しないとしましたね。政府は無視する(neglect)と。でも、本当に政府が存在しなかったら、火付け強盗、人殺しが蔓延《はびこ》って、経済生活が成り立たないではありませんか。

先生 そういうことではありません。理論を抽象的(abstract)に考えて、政府の動きを無視する。

正確に言うと、政府と経済との相互作用(interaction)を考えないでおくという意味です。

生徒　そう考えると、何がどうなります。ケインズ模型としては?

先生　理論的に言いますと、政府の活動は、経済模型にとって、外生《がいせい》変数(exogenous variable)であると考えるのです。

生徒　外生変数って、そりゃ何ですか。変数にも種類があるのですか。

先生　ありますとも!　システムの中にあって、互いに作用・反作用を及ぼし合っている諸変数、すなわち、相互連関関係(mutual interaction)の中にある諸変数を内生変数(endogenous variable)と言います。

生徒　最単純ケインズ模型だと、何が内生変数ですか。

先生　Y(国民生産=国民所得)とC([国民]消費)です。

消費関数(2)式によって、YはCを決めます。また、有効需要の原理(1)式によってCはYを決めます。このように、YとCとは、お互いに作用を及ぼし合っているのです。相互連関の網の目の中にあるのです。だから、YとCとは、この模型の内生変数なのです。

生徒　なるほどねえ!　複雑な経済現象をよくもここまで体系的《システマティック》に(systematic)考え抜いたものですね!

相互連関図式

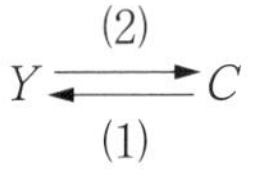

$$Y = C + I \cdots\cdots(1)$$

$$C = aY \cdots\cdots\cdots(2)$$

スパイラル(spiral)と同じことなのでしょうが、ケインズ模型という形で描いてもらうとよく分かる。さすが、ケインズ大先生ですね。

先生 ケインズ独りで、ここまで考えたわけではありません。ケインズ自身の『一般理論』は、常人の理解を絶します。

◆ワルラスは経済学を科学として自立させた

生徒 サムエルソンですか？　経済学者の理解の上さえいくケインズ理論を、「馬にも分かる」ほど分かりやすく解説したのは？

それにしても、数学の威力をここまで如実にデモンストレイトしたのは、さすがですね！　このうえなく単純、初等的な一次方程式だけで、経済学の核心(core)を説き尽くすなんて！

先生 でも、この理論の方法の根幹は、ケインズでもサムエルソンでもありません。彼らは、引き継いで利用しただけです。

生徒 誰ですか。理論の方法を編み出した(invent)のは？

先生 レオン・ワルラス(フランスの経済学者、一八三四〜一九一〇年)です。

生徒 ワルラスですって？

先生 サムエルソンも、ワルラスだけが偉大な経済学者だ(Walras is great economist!)と言っています。

生徒　へえ。でも、ヘンな英語ではありませんか。great economistの前に、不定冠詞も定冠詞も無いじゃありませんか。

先生　そこが味噌です。冠詞をつければ意味は平凡ですが、こんな異例な文章で言い表すと、最高のエコノミスト、比較を絶する大経済学者という意味になります。

生徒　いくら偉いにしても、それほど言ったら、褒めすぎではありませんか。ワルラスの業績って何ですか。

先生　一般均衡論(the general equilibrium theory)の創立です。

生徒　一般均衡論って、そんなに凄いのですか。

先生　いや凄いの何のって。一般均衡論のおかげで、経済学は科学として自立したのです。

生徒　まるで、ユークリッドかコペルニクス、ニュートンではありませんか。アダム・スミスでなくて、ワルラスこそ経済学の始祖になるではありませんか。

先生　サムエルソンをはじめ、二〇世紀の経済学者はみんなそう言ってます。今となっては、スミスは、遠い昔の預言者のような遠祖である。ご託宣は正しいかもしれないが、まだ科学的ではなかった。経済学を科学にした始祖はワルラスである。つまり、ワルラスこそ、現代経済学の主唱者(protagonist)である。みんな、実はこう思っているのだと思います。

生徒　ワルラスが主唱者として、一体、彼は何を主唱したんです。それがなんでそんなに大事なのですか。

先生　経済の諸変数の相互連関関係を分析する方法を発見したからです(Léon Walras, *Eléments d'économie politique pure, on théorie de la richesse sociale*, 1874-77［『純粋経済学要論（上・下）』手塚寿郎訳、岩波文庫、一九五三～五四年］)。

生徒　なんでそのところがそんな大業績なのですか?

先生　前著ではバブルの例で示しましたが、バブルの恐ろしさは、スパイラル(spiral)効果にあります(小室前掲『日本人のための経済原論』、第二章)。

生徒　なんで、スパイラルがそんなに恐ろしいのですか。

先生　原因と結果が相互に絡み合って、果てしなく渦巻状に循環していくからです。その循環過程が恐ろしい。

生徒　なるほど、スパイラル・プロセス(spiral process)といえば悪循環過程という意味ですね。「デフレ」と言っても、デフレのスパイラル過程が動き出すと恐ろしい。低所得と低賃金みたいな、何かと何かとが、互いに原因となり結果となるといったふうにスパイラル過程が作動を始めたらもう止まらないでしょう。確かに、循環過程は恐ろしい。

先生　そうですとも！　デフレは、この循環過程によって、ともども悪くなっていくのです。

◆仏教の因果律との比較

生徒 原因と結果が相互に絡み合う渦巻状(螺旋形《らせんけい》の)循環というのではなしに、一方的な因果関係であったならばどうです。例の風が吹けば桶屋が儲かるといった具合の?

先生 この例でも、波及効果(repercussion process)はぐっと先に進んでいきますが、所詮、一方的波及(oneway, linear)にすぎないでしょう。相互作用ということは考えられません。

生徒 要するに、仏教の因果律(causality)と、それは同じ形である、ということですね。

先生 そうです。仏教の尊者アッサジは、行者サーリプッタに教えを乞われて、釈迦の教えの要旨を言いました。

諸々の事柄は原因から生ずる。真理の体現者は、それらの原因を説きたまう(小室前掲『日本人のための宗教原論』二六二頁)。

仏教の教義では、「全ての事柄は原因から生じる」因果律は行き渡っています。しかし因果律(causality)は、一方的な原因結果の関係(単純因果関係[simple causality]、線型因果関係[linear causality])なのですね。相互連関関係という考え方は、はじめには入っていませんね。仏教では、善因楽果《ぜんいんらっか》、悪因苦果《あくいんくか》(良いことをすれば良い報いを受け、悪いことをすれば悪い報いを受ける)という因果律で徹底しています。説話（比喩的な伝説）にも、「良い人は極楽へ行き、悪い人は地獄へ行く」と教えているではありませんか？　この因果律は必然であって、偶然も確率も拒絶しています。

ここで特に注意するべきことをもう一度繰り返します。仏教は「原因→結果」の一方的因果関係（線型因果関係）であって、はじめは、相互連関関係ではなかったということです。菩提《ぼだい》樹《じゅ》の下で釈迦が悟った十二因縁《じゅうにいんねん》（十二の項目とその関係によって人間の現実の生を説明するとともに、どうすれば生の苦しみから離れることができるのかという根拠を示す方法）も、大変精緻《せいち》な教義ですが因果関係は直線的（一方的）です。相互連関的ではありません。

はじめに、誰もが悩む「老死」の問題の原因から問を発するのですが、老死の原因は生（生まれていること）であると答えます。次に、その生の原因は何かと問いを進めると、有（生存）であるとの答えが出てきます。……そして遂に、無明《むみょう》（無知）という原因に到達するのです。示すと、こうなります。

無明→行《ぎょう》→識《しき》→名色《みょうしき》→六入《ろくにゅう》→触《そく》→受《じゅ》→愛→取《しゅ》→有《う》→生《しょう》→老死

生徒　釈迦が悟った十二因縁は、やはり線型因果関係なのですね？

先生　いや、ナーガールジュナの縁起の解釈になると、線型因果関係ではなく、相互存在関係

(mutual interaction)なのです。

キリスト教とは違って、「全ての事柄は原因から生ずる」ということを根本教義とする仏教でも、ややもすれば、はじめは線型因果関係に執着していました。ナーガールジュナの相互因果関係に抜け出すことは容易ではありませんでした。

◆問題は「労働力の換算」に

生徒　経済学でも、やはりそうだったのでしょうか。はじめは、線型因果関係にこだわって、何か一つの原因で説明しようとしたのですか。

先生　経済学の主目的は、昔からずっと、資本主義における価値法則の解明です。市場で、小麦は一ブッシェル＝二・七五ドル、綿花一ポンド＝四〇・二二ドル、プラチナは一トロイオンス＝四四〇・四ドルとか価格がつくでしょう。この価格は何によってどう決まるのか？　アダム・スミス以来、経済学はずっと、市場価格はどのようにしてどう決まるのか、その説明をめざしてきたのでした。

古典派は労働価値説(labour theory of value)という説を唱えたのでした。商品の価値(value)は労働によって決まり、価格は価値によって決まるというのが労働価値説です。

生徒　労働価値説は正しいのですかか。

先生　正しいか、って？

生徒　今の経済学でも通用しているのですか。

先生　正面切っては通用していません。

生徒　と言いますと。

先生　ちょっと複雑ですが、簡単に言うと、こういうことになります。労働価値説は古典派最高の経済理論家リカードによって一応完成されました。彼の学説は、「餌《えさ》、釣針から釣竿までマルクスに呑み込まれた」とシュンペーターに言わせるほど完全にマルクスに呑み込まれてしまったのでした。労働価値説はマルクスによって些末《さまつ》の修正を加えられて、完成の度を深めたとも言えます。しかし、本当に完成されたとは言えませんでした。労働価値説の最後の障壁がどうしても突破できなかったからです。

生徒　最後の障壁って何ですか。

先生　「労働力の換算」と呼ばれている問題です。

生徒　それは何ですか。

先生　労働価値説によると、商品の価値は、それを生産するための時間で計られるわけです。二時間で生産される商品の価値は、一時間で生産される商品の価値の二倍って具合にね。これで一応よいのですが、誰の労働時間も同じ価値になるかというと、資本主義ではそうはなりません。熟練労働者の労働時間は一時間でも単純労働者の一五時間、有力な経営者の労働は単純労働者の二〇時間とか何とか。

生徒　それが「労働力の換算」という問題なのですね。

先生　そうです。

生徒　その換算の数値っての、一〇倍なのか一五倍なのか二〇倍なのか。どう決まるのか、難しそうですね。それにしても、どうして決まるのですか。

先生　マルクスも、散々苦心しました。苦心惨憺《くしんさんたん》して、これまた、一応の解決に漕ぎ着けたかのように『資本論』には書いてあります。

生徒　本当の解決だったのですか。

先生　マルクスはそのつもりだったのですが。

生徒　やはり問題があったのですか。

先生　ありました。

生徒　それは、何ですか。

◆マルクスを理解していない日本のマルキスト

先生　オーストリアの大経済学者ベーム・バヴェルク（一八五一〜一九一四年）がマルクスの理論は循環論になっていると言って批判したのでした。

生徒　「循環論」(circular reasoning)になったらお終いなのですか？

先生　この時代には、西洋の学者はみんなそう思っていました。

生徒　と言うと、今は違うのですか。

先生　その後、数学がもうちょっと進歩すると、循環論でもよいということになったのですが、マルクスやベーム・バヴェルクの時代まで、西洋の学者は、循環説では説明になっていないと思い込んでいました。

生徒　で、マルクス＝バヴェルク論争の決着はどうなりましたか。

先生　当時の経済学者は、数学の進歩に、もう少しのところで手が届きませんでしたから、マルクスの負けということになってしまいました。経済学者の多くはマルクスを相手にしなくなってしまったのでした。

生徒　さぞ、マルクスは残念だったでしょうね。

先生　マルクスは既に亡くなっていましたが、ヨーロッパのマルキストが欧米、特に英米の経済学の第一線から追っ払われたこと、これは大きかったのでした。

生徒　なるほど。

先生　一九二九年の暗黒の木曜日(一〇月二四日)をきっかけにして三〇年代の大恐慌が襲来してきました。失業者の大群は世にあふれました。それなのに、経済学者は古典派の言うとおり資本主義には失業者はあり得ないなんて、嘘ぶくばかりです。資本主義には必ず失業が出ると唱えたのは、マルクスばかりでした。

生徒　そのマルクスが経済学で出番を失っていたのですね！

先生　そうなんですよ。マルキストは地団駄《じだんだ》踏んでも、どうしようもありません。

生徒　欧米に、あれほど膨大な失業者が出ても革命が起きなかったのは、そういうわけだったのですね。

先生　マルクシズムによる革命が起きなかった代わりに、ファシズム、ナチズムの執権が起きました。特にナチズムは、ケインズに先駆けて失業救済に成功しました。

生徒　マルクスにしてみれば、死んでも死に切れないということですね。

先生　それにしても不勉強極まりないのが日本のマルキストです。マルクス＝バヴェルク論争も、ナチスの経済学的意味も注意したマルキストは一人もいませんでした。

生徒　へえ！　これが日本のマルキストのレヴェルなのですね！

先生　マルクス＝バヴェルク論争を日本に紹介したのは、マルキストではない高田保馬《たかたやすま》博士（社会学者・経済学者、一八八三〜一九七二年）でした。マルクスの労働価値説は、数学的にキチンと説明できることを証明したのは、高田保馬博士の弟子の森嶋通夫教授です。

生徒　日本マルキストの怠慢さは、驚くべきものがありますね。

先生　マルキストに限らず、日本の経済学者、エコノミストの大多数の怠慢さは、昔も今も驚くべきであることはよく知られています。大塚久雄博士は言いました。日本のマルキストで『資本論』を読み通した(本当に理解した)人は一人もいないって! マルキストといわず、ノン・マルキストといわず『資本論』を読み通した日本の学者といったら、高田保馬、大塚久雄、森嶋通夫ほか数名、つまり、a few でなく、few と書くべきであるのです!

4 経済学の奥義が分かり数学が大好きに

生徒 いよいよ、経済学のエッセンスが一気に分かって、数学の効能が見えてきて、数学が大好きになるところですね! 本書のクライマックスです。

◆経済学のエッセンスが分かる

先生 最単純ケインズ模型《モデル》(the simplest Keynesian model)の話を締め括って、まとめておきます。そこには、ワルラスの一般均衡論(general equilibrium theory)の要諦《ようたい》(肝心要なところ)が圧縮されていますから、これが分かれば経済学は、自由自在となります。

生徒 では、どうぞ。

先生　用語《ターム》の総復習から。国民(national)とは、「日本全体(の)」という意味です。国民生産(national product)とは、日本全体の生産という意味です。国民所得(national income)とは、日本全体の所得です。しばらくは、巨視的経済(macro economy)の話を続けていきますから、消費、投資、輸出、輸入などもみんな、国民消費(national consumption)、国民投資(national investment)、国民輸出(national export)、国民輸入(national import)です。

なお、以下で特に断らなければ、「国民」という言葉を省いてその意味に使います。また、以下、特に断らなければ、国民生産と国民所得は等しい場合について論じます。

特に「国民」(nation, national)という言葉の使われ方は、経済学独特だから注意しておく必要があります。国民生産が五〇〇兆円なら、国民所得も五〇〇兆円くらいの命題(文章)なんかを例題にして、読者はとくと考えてみられたい。

いよいよ、最単純ケインズ模型の始まりです。

まず、記号を思い出してみて下さい。Yは国民生産＝国民所得、Cは国民消費すなわち消費、Iは国民投資すなわち投資、加えて、Xは国民輸出すなわち輸出、Mは国民輸入すなわち輸入、以下同様……。

思い出す事始めとして、消費関数は、最単純にしておいて、

消費関数　$C = aY$　a：限界消費性向

ということに仮定しましょう。

生徒　いくら最単純とは言いながら、あまりにも単純ですね。

先生　いくら最単純ケインズ模型とは言いながら、これほど単純な消費関数(consumption function)には誰しも驚きます。でも、ケインズの洞察力(insight)はさすがに凄い。単純この上ない消費関数の適合(fitting　現実の説明能力)が驚くほどいいんです。ですから、はじめは首を傾《かし》げていた批判者たちも、程々に納得しました。その後、消費関数の研究は大いに進みましたが、最単純模型用としては、消費は所得に比例する、でいいでしょう。

生徒　ケインズ経済学の主役は、投資と消費だそうですが、消費関数はこれでよしとして、投資関数はどうですか。

先生　投資は定数、すなわち、

投資関数　$I = \bar{I}$　$\bar{I}$は定数を表す

これだけの準備をして、いよいよ、最単純ケインズ模型の出番です。

ケインズ模型　$Y = C + I$……(1)　$C = aY$……(2)　$I = \bar{I}$……(3)

単純で鮮明でしょう。数学といっても、一番単純な一次方程式しか登場しません。一次方程式が分かれば、経済学の蘊奥《うんのう》(奥深いところ)が極められる！　これだけでも、数学の威力が分かるではありませんか。

生徒　なるほど、中学校一年生の数学でも十分ですね！

先生　数学そのものは単純でも、論理は厳重ですよ！　油断なさるな。

生徒　最単純ケインズ模型には厳重な仮定がありましたよね。何でしたっけ？

先生　①外国なし、②政府なし、③時間なし、④非経済人なし。

生徒　あっ、思い出しました。これらの諸仮定のおかげで、こんな単純な模型が招来されてくるのですね。

先生　単純でも、経済の本質を見抜く目的では、一向に差し支えありません。リカードだってマルクスだって、理論を数式で表してみれば単純です。

生徒　アイザック・ニュートン(イギリスの科学者、一六四二〜一七二七年)の質点《しってん》力学の模型を例に引かれましたよね。

先生　そういうことです。最単純ケインズ模型は、経済学の本質をズバリ論じています。極意皆伝と言ってよい。

生徒 それはどういうことですか。

先生 諸経済変数(economic variables)の間の相互連関関係(mutual interaction)を理論的に説明しているからです。

生徒 スパイラル(spiral)の話やら、下手すると説明が循環論(circular reasoning)になりかねない話やら、ずいぶん伺いました。

先生 循環論にも陥らず、最単純ケインズ模型は、ズバリ相互連関関係を説明しています。そこが本質的です。連立方程式(simultaneous equations)で表現したのです。

生徒 ワルラスの方法を引き継いだとはそのことなのですね。

先生 そうです。(1)式は有効需要の原理、(2)式は消費関数、(3)式は投資関数、これら三つの方程式を内生変数、Y、C、Iについて解けば、均衡値(equilibrium value)が求められます。

生徒 その「均衡値を求める」という計算の作業が、「相互連関関係を説明する」ことになっているのですか。

先生 まさに、そういうことです。

生徒 内生《ないせい》変数(endogenous variable)という術語《ターム》、外生《がいせい》変数(exogenous variable)という術語も思い出しました。

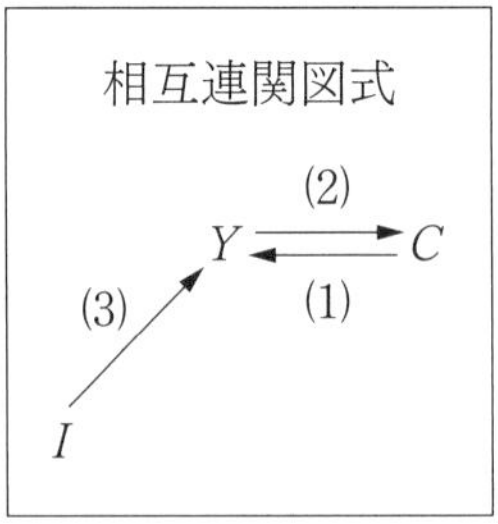

◆グラフもやっと好きになった

先生 内生変数の間の相互連関関係を図示すると、下の囲みのようになります。

生徒 最単純ケインズ模型は、連立方程式でも、相互連関図式(interaction diagram)でも表せるのですね。

先生 グラフでも表されます。横軸にY(国民生産＝国民所得)をとります。縦軸に、財の数量q(quantity)をとります。

生徒 qは、需要量も表すし、供給量も表すと。そういうことですね。

先生 そうです。今、需要関数(demand function)を$q = D(Y)$とすれば、$D(Y) = C + I = aY + \bar{I}$となります。

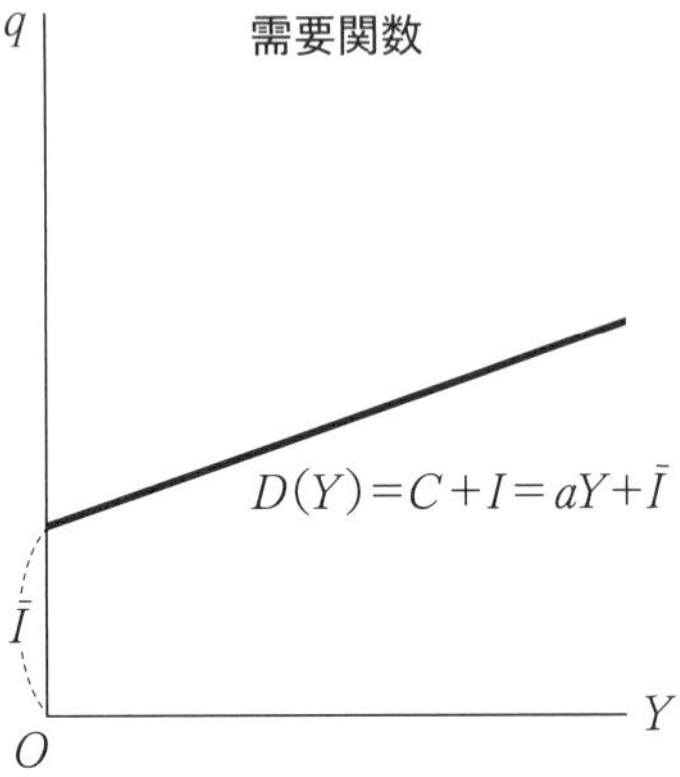

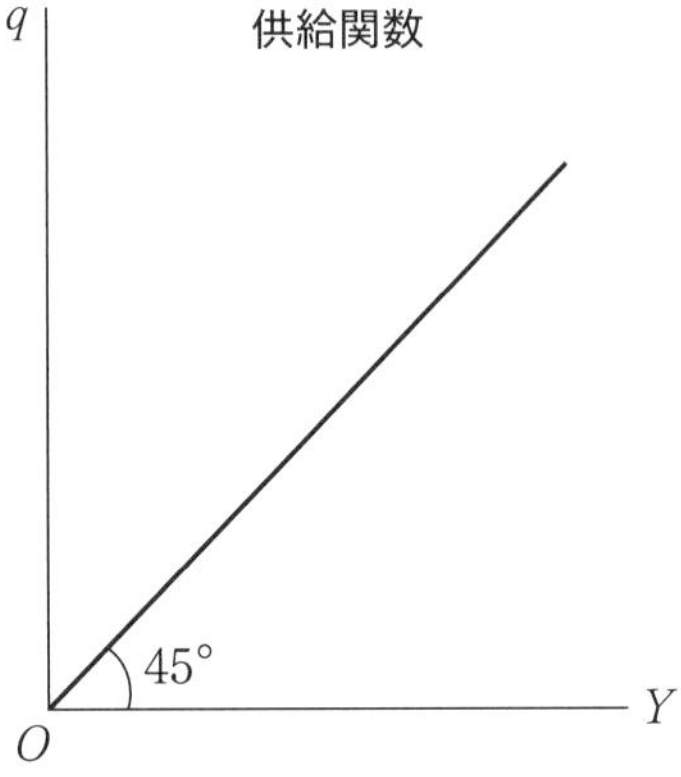

生徒 供給関数(supply function)はどうなりますか。

先生 国民生産Yをすべて供給する。これが供給関数です。すなわち、$q=Y$です。

生徒 関数が変数と同じ数値になる。そうすれば当然、四五度線になりますね。

先生 そうです。

生徒 需要関数と供給関数との交点が、需要と供給が等しくなる点、すなわち均衡点ですね。

先生 そうです。この需要関数と供給関数との交点、これをP点と名づけましょう。これがシステムの均衡点(equilibrium point)です。この点に、均衡値が決まります。Yの均衡値は、均衡点Pの横軸(Y)に下した足Y_0です。

生徒　最単純ケインズ模型は、連立方程式でも、グラフでも解けるわけですね。

先生　どちらでも解けます。均衡解が求められます。

生徒　どちらの均衡解でも、数値は同じですか。

先生　同じになります。

生徒　本当ですか？

先生　勿論、本当です。

生徒　一所懸命、夢中になって質問しているうちについ聞いてしまいましたが、グラフは件《くだん》の方程式を描いているのですから、両方の解が一致することはあまりにも当然ですね。質問を取り消します。

先生　いや、経済学的にいうと、ナンセンスな質問ではなくて、実は、この上ないほど大切な質問なのです。

生徒　これはこれは。それはどういう意味ですか。

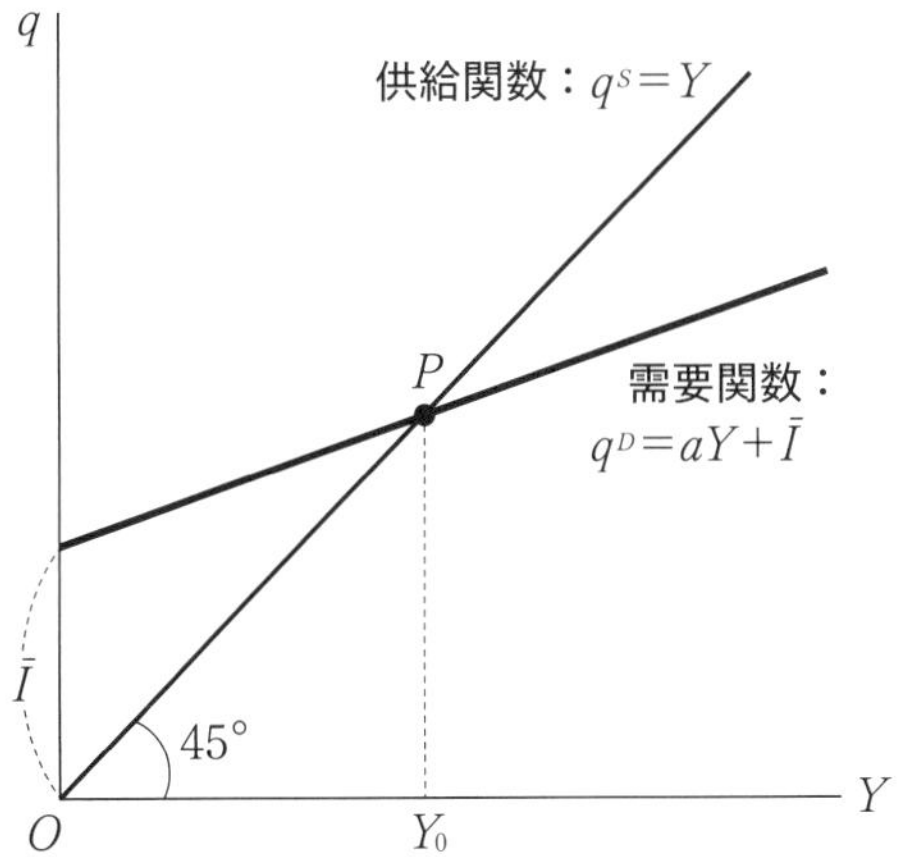

市場の均衡点

先生　方程式の均衡点と図式の均衡点とは、安定条件（stability condition）が満たされる場合に限って一致するのです。

生徒　へえ？　一致しないこともあるのですか？　でも、安定条件って何ですか。

先生　均衡条件（equilibrium condition）、存在条件（existence condition）、安定条件（stability condition）と、三つの条件が揃ってはじめて、相互連関のための分析システムは完璧となるのです。でも、これらは大変高度な理論ですので、しばらくは差し置いておけばよろしい。

生徒　差し当たっては、方程式による解と、グラフによる解とは、同じになると見なしてよろしいと、こういうことですか。

先生　そうです。ここはまず、大きな方眼紙（section paper）を用意して下さい。正確にグラフを描いて、交点を正しく求めて下さい。例えば、Y_0（Yの均衡値）の数値？　どうですか、連立方程式の解の数値Y_0と同じになりましたか？　計算をなるべく簡単にするために$I=1$として下さい。限界消費性向（marginal propensity to consume）のaは〇・八にしましょう。

生徒　あっ、一兆円という意味ですか？　$I=1$として連立方程式、(1)(2)(3)を解いてみます。均衡値は、$Y_0=5$、$C_0=4$、$I_0=1$です。

大きな方眼紙に正確にグラフを描いて、需要関数と供給関数の交点を求めると、やっぱり$Y_0=5$です。これを消費関数に代入すれば、$C_0=4$です。I_0は、はじめから1だと分かっています。

先生　ハイ、これで均衡解は求められました。

生徒　均衡解が求められたところで、最単純ケインズ模型の役目は終わりですか。

◆もう「金融」もなんのその

先生　いや、次に乗数理論(multiplier theory)があります。

生徒　乗数理論って何ですか。

先生　投資(I)が変化したとき、国民生産(Y)がどれだけ変わるか。それを分析する理論です。

生徒　今、投資が一兆円、増えたとします。$Y=C+I$……(1)なのですから、Iが一兆円増えればYも一兆円増える。これ、正しいですか。

先生　正しいですが、それでは不足です。Yが一兆円増えれば、消費関数によって、Cも〇・八兆円増えるでしょう。$C=0.8Y$……(2)

これは、Yがさらに、〇・八兆円増えることを意味しています。

生徒　その〇・八兆円は、さらにYを増加させませんか?

先生　消費関数によって、Yが〇・八兆円増えれば、Cはさらに〇・六四兆円増えます。

生徒　Cが〇・六四兆円増えれば、Yは、さらにさらに、どれだけ増えますか。

先生　またまた、有効需要の原理によって、Yはさらにさらにさらに、〇・五一二兆円増えます。

生徒　Yが〇・五一二兆円増えれば、Cは増えますか。

先生　消費関数$C=0.8Y$……(2)によって、さらにさらにさらに、〇・四〇九六兆円増えます。

（以下同様）

最単純ケインズ模型の内生変数YとCとは、相互に連関し合っていますから、はじめにIが変化すれば、Yが変化し、それがCの変化に波及します。Cが変化すれば、その変化がYの変化に波及します。そのYの変化が、さらに、Cの変化に波及します。

そうすると、そのCの変化が、さらに、Yの変化に波及します。

（以下同様）

YとCとは、互いに相互連関し合っていますから、その相互連関の網の目を伝わり、波及は、いつまでも伝えられ伝わるのです。結局、最終的結果は、どうなりますか。

生徒　えーと。Y（国民生産＝国民所得）の最終変化は、一次波及、二次波及、三次波及……、n次波及…の総計をΔYとする。それは、

$$①\ \Delta Y=1+0.8+0.8^2+0.8^3+\cdots+0.8^{n-1}+\cdots$$

です。

先生　右辺は、公比〇・八、初項一の無限等比級数ですから、

$$② \Delta Y = 1/(1-0.8) = 5$$

となります。

生徒 これが乗数の理論の論理ですか。

先生 そうです。これが乗数理論の「論理」たる所以《ゆえん》です。つまり、投資が増えたとき、究極的に、それがどれだけ所得(生産)を増やすか？ その問題に答えているからです。相互連関の波及過程がどうなるか。その計算を示したのが乗数理論です。

生徒 バブルのスパイラル過程。これも相互連関過程の原型(prototype)の一つだと思うのですが、波及過程の理論はありますか。計算法はありますか。

先生 両方ともありません。比喩があるだけです。おとぎ話みたいな話があるだけです。「スパイラル」と言えば、ああ、あんなことかと意味は伝わりますが、模型や計算式があるわけではありません。

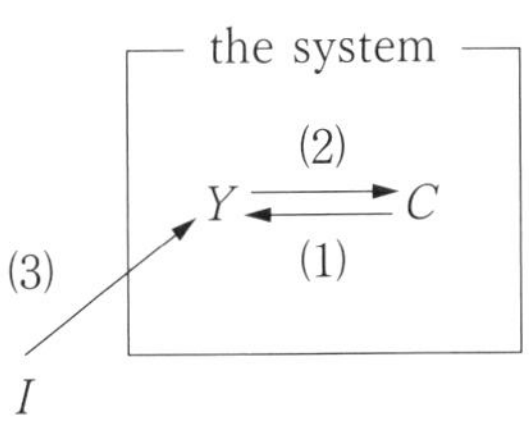

	ΔY	ΔC
1次波及	1	0.8
2次波及	0.8	0.64
3次波及	0.64	0.512
4次波及	0.512	0.4096
⋮	⋮	⋮
n次波及	0.8^{n-1}	0.8^{n}

生徒　そうだとすると、乗数過程は、相互連関過程の本質を実演(demonstrate)するうえで刮目《かつもく》(目をこすってよく見る)に値するというわけですか?

先生　そうです。ま、乗数理論の波及過程(repercussion process)を、もう一度よく見て下さい。

$$\Delta Y = 1 + 0.8 + 0.8^2 + 0.8^3 + \cdots + 0.8^{n-1} + \cdots$$

→直接効果

→間接効果

Yの最終的変化をΔYとすれば、その変化のうち、直接的変化(YとCとの相互作用に依らない変化。Iの変化からだけの直接的変化)は一兆円で、それ止まりです。が、その後、YとCとの相互作用$Y \rightleftarrows C$によって、作用は反作用を呼び、つまり、波及は波及を呼んでどこまでも進行していきます。これが間接効果です。

生徒　直接効果は一兆円だけですが、間接効果となると、それ以下の$0.8 + 0.8^2 + \cdots + 0.8^{n-1} + \cdots$の総計ですから、その数値は、なんと四兆円です。

先生　間接効果(波及効果)は直接効果の四倍です。最単純ケインズ模型とは、御覧のとおり、最単純な一次方程式で作られる模型ですから、この上なく単純な模型です。それほど単純な模型であれば、波及によって生じた間接効果、波及効果なんて、大したことはないと思いきや。それが、なんと直接効果の四倍になるのです。誠に、波及効果おそるべし!

生徒　もっと複雑な模型ならば、間接効果の大きさは、直接効果の何百倍かもしれませんね！

先生　そうかもしれません。いずれにせよ、波及効果を理論化した乗数効果の模型は、波及過程研究の手本になりました。

生徒　例えば、どんな理論ですか。

$Y = C + I$……(1)が方程式であれば有効需要の原理であることは分かりました。この式が$Y \equiv C + I$……(0)と恒等式(identity)ならばどうですか。

先生　既に説明したように、セイの法則を表す式になります。方程式と恒等式の違いで、その意味はまさに正反対になる！　この妙味を体得して下さい。

この上さらに、この恒等式は、もう一つ、実に大切な意味を持つ式にもなります。つまり、事後(a posteriori)の状態を表す事後式です。売買が全部終わってしまった後のことを表す事後式です。

生徒　これは恒等式だから、均衡であってもなくても、もはや関係なく成立してしまうのですね。

先生　そうです。やはり、もはや、何がなんでも絶対に成り立ちます。この式に矛盾するどんな命題(文章)も正しくありません(偽です。成立しません)。ゆえに議論の真偽を確かめるために、絶大な効能を発揮します。しかし、注意するべきことは、事後式としての恒等式は、何の法則も表しません。何の説明もしません。

生徒　それは、一体どういう意味ですか。

先生　有効需要の原理ですと、均衡国民生産（均衡国民所得）がどんな数値であるかを示します。そして、Yが均衡数値をなぜめざしていくのかを説明します。事前の均衡分析であればこそ、こういう説明が出るのです。

結論

この一例だけからでも数学の凄い威力がお分かりのことと思います。

国民所得（国民生産）は、所得 ＋《プラス》 投資に等しいという、数式の形は同じでも、それが方程式か恒等式かの違いで理論的には正反対になります。すなわち、ケインズ理論になるか、それと正反対の古典派理論になるか。帰趨《きすう》（結果）は正反対になります。

驚くべし！

いや、もう一つ驚いていただかないと困ります。

この式が、方程式だと市場で需要と供給とが等しくなることを表す式で、所得（生産）、消費、投資、輸入などが、どの数値に決まるかを説明します。

ところが事後式としての恒等式だと、絶対に正しいことを述べているだけで何も説明しません。

これほども大きな違いが、方程式か恒等式かの相違だけから生ずるのです。

数学の論理、まさに驚くべし。

◆合成の誤謬

さらに、もう一回だけ驚いて下さい。

ケインズ理論(最単純ケインズ模型)はお分かりのことと思います。よく見直して下さい。

今、各個人がみんな貯蓄をうんと殖やせばどうでしょうか。各個人はみんな富みます。しかし、消費は激減して、有効需要も激減します。その結果、国民生産(国民所得)も激減することになるのです。

標語として言えば、「個人を富ます貯蓄は経済(全体)を貧しくする」となります。

このことを「合成の誤謬《ごびゅう》」(fallacy of composition)と言います。

ケインズが合成の誤謬を発見したとき、世の人々は、みんな驚倒《きょうとう》しました。それまでは、個人を富ますことが全体を富ますことだとばかり思い込んでいたのですから。

それまで多くの日本人が信じていた、修身《しゅうしん》、斉家《せいか》、治国《ちこく》、平天下《へいてんか》のまさに正反対の命題(文章)であるからです。

ところが、この「合成の誤謬」という考えは、やや直観的で、論理的なツメが十分でない。それを論理的、完全な形に構成したのがアローの不合理《ジレンマ》(背理)と呼ばれるものなのです。

そこでまず、「合理的選択」(rational choice)について説明しておきます。

合理的選択とは、数学的に言うと、推移律(transitive law)を満たす選択のことです。具体的には、

選択する人
　Xさん　　A＞B，B＞C→A＞C
　Yさん　　B＞C，C＞A→B＞A
　Zさん　　C＞A，A＞B→C＞B

まとめると、　A、Bの選択では、A＞Bが２人
　　　　　　　B、Cの選択では、B＞Cが２人
　　　　　　　C、Aの選択では、C＞Aが２人

その結果、個人の選択では３人ともに推移律が成り立っている（みんな合理的）が、全体としては、推移律は成り立っていない！

「BよりAを好む」「CよりBを好む」の二つが成り立てば、必ず「CよりAを好む」も成り立つという選択（好み）のことです。「選択」だけでなく、「強さ」も合理的であれば推移律を満たします。例えば仮に、「虎は豹《ひょう》より強く、豹は猫より強い」とすれば、「虎は猫より強い」と言えます。

これに反し、じゃんけんのような三竦《さんすく》みの関係は推移律を満たしません。同様に、ヘビとカエルとナメクジ、ハブとマングースと猫の関係も三竦みで推移律を満たさず、循環律（cyclic order）を満たします。

人間の大概の選択は合理的です。ちょっと考えてみただけで推移律を満たすことはお分かりのことと思います。

ところがアローは、個人の選択がすべて合理的であっても、全体の選択は合理的でない、という途方もない例を発見してしまったのでした。上の囲みをじっくりと玩《がん》味《み》して下さい。不等号（＞）で、より好むことを表します。矢印（→）はそこから導かれる結果です。

換言すれば、個人はみんな合理的であっても、全体は合理的でないのです（推移律を満たさず循環律を満たす）！

この例は、三人の人間と三つの政党しかなく、投票のときは一人一票で棄権や無効票はなく、三人とも合理的選択をするというデモクラシーの最単純模型です。この模型ですら、個人の選択がみんな合理的でも、全体としては不合理なことが起こり得ることが証明されてしまったのでした。

数学の効用、数学の面白さ、お分かりいただけましたかな。

本書は、二〇〇一年一〇月に小社より刊行された『数学嫌いな人のための数学――数学原論』を再編集の上、復刊したものである。

【著者紹介】
小室直樹（こむろ　なおき）
1932年東京都生まれ。京都大学理学部数学科卒業。大阪大学大学院経済学研究科、東京大学大学院法学政治学研究科修了（東京大学法学博士）。この間、フルブライト留学生として、ミシガン大学、マサチューセッツ工科大学、ハーバード大学各大学院にて研究生活を送る。1967年より東京大学でボランティアの自主ゼミとして、経済学、社会学、政治学、法律学、数学など学問を超えて教授し、多くの研究者を育成する。その後、社会科学の該博な知識をもとに、現実社会の分析・評論を行い、数多くの著作を発表した。2010年9月逝去。
主な著書に『危機の構造』（ダイヤモンド社）、『ソビエト帝国の崩壊』（光文社）、『「天皇」の原理』（文藝春秋）、『日本国民に告ぐ』（ワック）、『日本人のための宗教原論』（徳間書店）、『日本人のための憲法原論』（集英社インターナショナル）、『小室直樹　日本人のための経済原論』『論理の方法』（以上、東洋経済新報社）などがある。

数学嫌いな人のための数学（新装版）

2023年12月5日発行

著　者――小室直樹
発行者――田北浩章
発行所――東洋経済新報社
〒103-8345　東京都中央区日本橋本石町 1-2-1
電話＝東洋経済コールセンター　03(6386)1040
https://toyokeizai.net/

装　丁………………竹内雄二
本文デザイン・DTP……米谷 豪（orange_noiz）
印　刷………………港北メディアサービス
製　本………………積信堂
編集協力……………須永政男、廣津 孝（群企画）
編集担当……………佐藤 敬、関 俊介
　ISBN 978-4-492-04752-1